练习

Eureka Math®
1年级掌握度
模块 1–3

Great Minds PBC is the creator of Eureka Math®,
Wit & Wisdom®, Alexandria Plan™, and PhD Science™.

Published by Great Minds PBC. greatminds.org

Copyright © 2020 Great Minds PBC. All rights reserved. No part of this work may be reproduced or used in any form or by any means—graphic, electronic, or mechanical, including photocopying or information storage and retrieval systems—without written permission from the copyright holder.

ISBN 978-1-64929-251-3

1 2 3 4 5 6 7 8 9 10 CCD 25 24 23 22 21 20

Printed in the USA

学习•练习•成功

Eureka Math® 的学生教材 *A Story of Units*® (幼儿园到 5 年级)可以在学习、练习、成功三合一课程中取得。本系列支持差异学习和辅导,同时保持学生教材条理清晰且易于使用。教育人员会发现学习、练习 和成功系列还具备连贯性的介入响应模式(Response to Intervention / RTI),因此学习更有效率,并提供额外练习和夏季学习资源。

学习

Eureka Math 学习可作为学生展示自己的想法、分享他们知道的内容、看著他们每天累积知识的课堂伙伴。学习通过容易存放和浏览的书册集合了每日的课堂作业——应用问题、退出票、问题集、模版。

练习

每堂 Eureka Math 课程从一系列充满活力、欢乐的掌握度活动开始进行,包括 Eureka Math 练习的内容。精通数学的学生可以更深入地掌握更多教材。通过练习,学生将掌握新习得的技能,并加强以前的学习,为下一堂课做准备。

学习和练习提供学生用于核心数学教学所需的所有印刷教材。

成功

Eureka Math 成功让学生可以独自学习并精通内容。每一课的额外问题集都与课堂的教学一致,因此非常适合当作家庭作业或额外练习。每个问题集都伴随一个家庭作业助手,它是一组说明如何解决类似问题的练习例题。

老师和导师可以使用前一年级的成功课本作为课程一致性的工具,以填补基础知识的落差。随着熟悉的模式促进与当前年级内容的联结,学生将能更快地成长与进步。

学生、家庭和教育人员：

谢谢您加入 *Eureka Math*® 社区，我们在此赞扬数学的乐趣、美好和震撼。我们表现兴奋之情最明显的方式之一，就是通过 *Eureka Math* 练习课程中提供的掌握度练习活动来展现。

什么是数学的掌握度？

你可能会想到掌握度与语言艺术有关，它指的是轻松地说和写。从学前班直至五年级，*Eureka Math* 的课程包含多个日常建立数学掌握度的机会。每个机会的设计理念都相同—培养每个学生轻松应用数学的能力。学生通常能以快节奏且充满活力的方式体验到掌握度，赞赏自己的进步并专注于理解教材的模式与联结。它们不用于评分。

Eureka Math 的掌握度课程以各种形式提供差异化的练习—有些是通过口头进行，有些要使用教学道具，有些会用到个人白板，还有一些是采用讲义和笔的形式进行。*Eureka Math* 练习为每个学生提供他或她所处年级的掌握度习题印刷教材。

什么是冲刺？

许多印刷的掌握度教学活动采用我们称为冲刺的形式。这些练习利用已经掌握的技能来提高速度和准确性。当学生接近最佳水平时，冲刺会利用速度来建立低风险的肾上腺素增强功能，从而增加记忆力和回忆率。这个刻意设计出的方式让冲刺具有与众不同的特性。问题从简单到复杂，问题的第一象限是最简单的，随后的每个象限都添加了复杂性。此外，问题有经过刻意的排序，可以让学生投入更高层次的思维能力。

建议实现冲刺的形式，是要求学生以相同的技能进行两个连续的冲刺练习（标记为 A 和 B），每次计时一分钟。学生在冲刺之间要暂停一下，以阐述他们在进行第一个冲刺时注意到的模式。若能注意到这些模式，通常会自然提高学生在进行第二次冲刺的表现。

冲刺也可以使用不计时方案进行。当学生仍处于第一象限题目的复杂度水平以建立信心的阶段时，强烈建议使用不计时方案。在所有学生都准备好成功冲刺时，通过计时的能量来提高速度和准确性的练习通常会受到学生的欢迎并且能激励人心。

我在哪里可以找到其他掌握度练习活动？

Eureka Math 教师版指导教育人员进行每节课的所有掌握度活动，包括不需要印刷教材的活动。此外，*Eureka* 数字套装让教育人员可以随时取得所有年级水平的掌握度活动，并且能按标准或课程进行搜索。

祝福您一整年都充满着灵光乍现的时刻！

Jill Diniz

吉尔·迪尼兹（Jill Diniz）
数学总监
Great Minds

内容

模块 1

第1课：数点冲刺 3

第2课：数字链冲刺5 7

第4课：加1点和数字冲刺 9

第5课：摇圆盘6 板 13

第5课：数字链冲刺 6 15

第6课：数字链冲刺 7 17

第7课：摇园盘 8 19

第7课：数字链冲刺 8 21

第8课：数字链冲刺 9 23

第9课：数字链冲刺10 25

第10课：目标练习 27

第15课：计数冲刺 29

第16课：摇动圆盘7板 33

第19课：+1、2、3 冲刺 35

第25课：比赛到顶峰 39

第28课：减1冲刺 41

第33课：加法冲刺 45

第34课：$n - 0$ 和 $n - 1$ 冲刺 49

第35课：$n - n, n - (n - 1)$ 冲刺 53

第36课：十框架 57

第37课：合作伙伴10冲刺 59

第39课：分解十三到十九数字冲刺 63

模块 2

第4课：加三个数字冲刺 69

第8课：使用造十进行$9 + n$冲刺 73

第11课：跨十加法冲刺 77

第12课：5组行插入 81

第14课：10之内的减法冲刺 83

第17课：减去9冲刺 87

第18课：数字路径1–20 91

第20课：减去8冲刺 93

第21课：减去7、8、9冲刺 97

第22课：10内缺少加数冲刺 101

第23课：10内缺少加数冲刺 105

第24课：10内缺少件数冲刺 109

第25课：使它等于冲刺 113

第27课：加10和减10冲刺 117

第28课：通过分解十三至十九数字进行加法冲刺 121

模块 3

第1课：从十三至十九减一冲刺 127

第3课：加减十三至十九和一冲刺 131

第5课：20之内减法冲刺 135

第7课：20之内加法冲刺 139

第9课：20之内加法冲刺 143

第11课：20之内减法冲刺 147

第13课：加三个数字冲刺 151

1年级模块1

单位的故事

A

第一课冲刺　1•1

正确的数字：

姓名 _____　日期 _____

*写出点数。找出让算出全部点数更容易的 1 或 2 组

1.	••		16.	••••• ••••	
2.	•••		17.	••••• •••	
3.	••••		18.	••••• •••••	
4.	•••		19.	••••• ••	
5.	•		20.	••••• •	
6.	••••		21.	••••• ••••	
7.	•••••		22.	••••• •••••	
8.	••••		23.	••••• •••	
9.	••••• •		24.	••••• •••	
10.	••••• ••		25.	••• •• •••••	
11.	••••		26.	••••• ••	
12.	••••		27.	••• •• •• •••	
13.	••••• •		28.	••• ••	
14.	•••• •••		29.	••• •	
15.	••••• ••		30.	•• •• ••• •	

第一课：　使用5-組和數鏈來分析和描述嵌入的數字（到10）。

B

单位的故事　　　　　　　　　　　　　　　　　　　　　　　　　　第一课冲刺　1•1

姓名 _____ 日期 _____

正确的数字：

*写出点数。找出让算出全部点数更容易的 1 或 2 组

1.	●		16.	●●●●● ●●●	
2.	●●		17.	●●●●● ●●●●	
3.	●		18.	●●●●● ●●	
4.	●●●●		19.	●●●●● ●●●	
5.	●●●		20.	●●●●● ●●●●	
6.	●●●●●		21.	●●●●● ●●●●	
7.	●●●●		22.	●●●●● ●●●●	
8.	●●●●●		23.	● ●●●●● ●●●●●	
9.	●●●●● ●●		24.	●●●●● ●●●●	
10.	●●●●● ●		25.	●● ●●●●●	
11.	●●●●● ●●●		26.	●●● ● ●● ●●	
12.	●●●●● ●●		27.	●● ●● ●● ●●	
13.	●●●●●		28.	●● ●● ●● ●●	
14.	●●●●● ●●		29.	●● ●● ●● ●	
15.	●●●●● ●		30.	●● ●●●● ●●	

第一课：　使用5-組和數鏈來分析和描述嵌入的數字（到10）。

单位的故事 | 第二课掌握度模板 | 1•1

姓名 _____   日期 _____

数字链冲刺！

在 90 秒内做越多越好。在这里写下你完成的数字链：

1.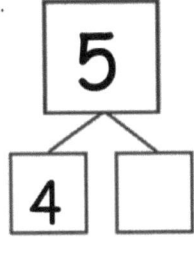
2.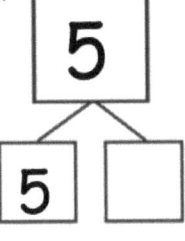
3.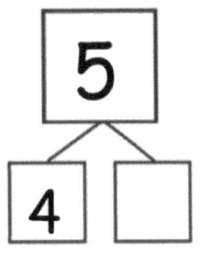
4.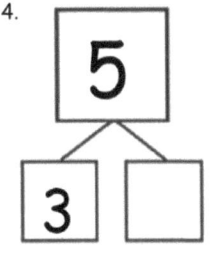
5.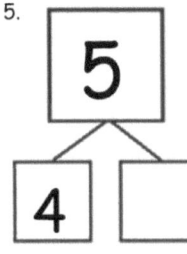
6.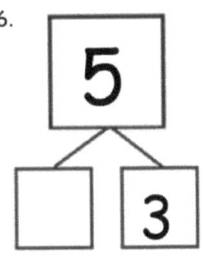
7.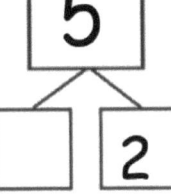
8.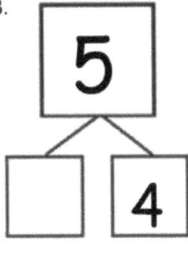
9.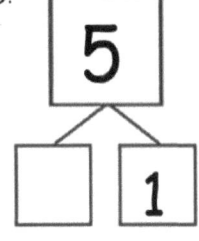
10.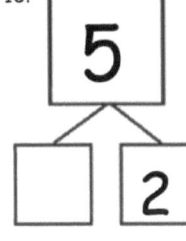
11.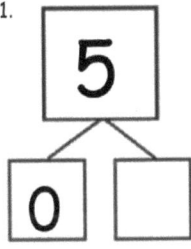
12.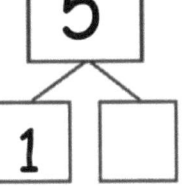
13.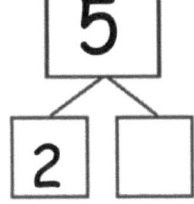
14.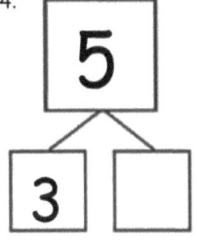
15.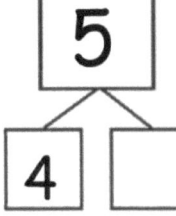
16.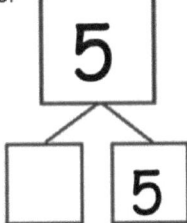
17.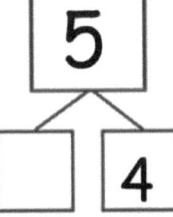
18.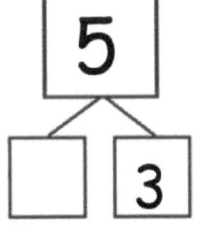
19.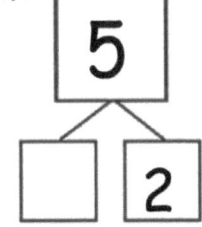
20.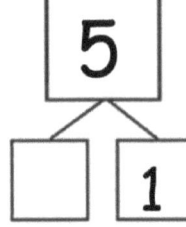
21.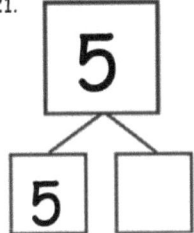
22.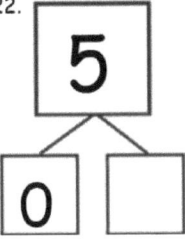
23.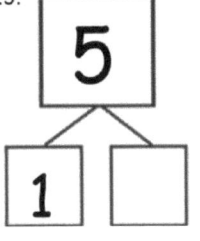
24.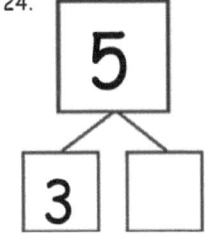
25.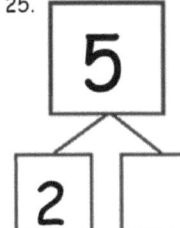

数字键冲刺 5

第二课： 使用數鏈解釋嵌入在變動形態中的數字。

A

单位的故事　　　　　　　　　　　　　　　　　　　第四课冲刺　1•1

答对数：

姓名 _____　　　日期 _____

*写下加1的数字。

1.	●●●		16.	●●●●● ●●●●	
2.	●●		17.	9	
3.	●●●		18.	7	
4.	●●●●		19.	●●●●● ●●	
5.	●●●●		20.	8	
6.	●●●● ●		21.	7	
7.	●●●●●		22.	●●●●● ●●●	
8.	5		23.	●●●●● ●●●●	
9.	●●●●● ●●		24.	10	
10.	6		25.	●●●●● ●●●●●	
11.	●●●●● ●		26.	●●●●● ●●●	
12.	7		27.	●● ●● ●● ●●	
13.	●●●●● ●●		28.	9	
14.	●●●●● ●●●		29.	●●● ●●● ●●●	
15.	8		30.	●●● ●●● ●●● ●●●	

第四课：代表放在一起数字键的情况。依靠一个嵌入式数字或部分数字,总计6和7,并生成所有每个总计的加法表达式。

B

单位的故事　　　　　　　　　　　　　　　　　　第四课冲刺　1•1

答对数:

姓名 _____　　　日期 _____

*写下加1的数字。

1.	●●		16.	●●●●● ●●●
2.	●		17.	8
3.	●●		18.	9
4.	●●●		19.	●●●●● ●●●●
5.	●●●●		20.	●●●●● ●●●●
6.	●●●●●		21.	10
7.	●●●●		22.	●●●●● ●●●
8.	4		23.	●●●●● ●●●●
9.	●●●●●		24.	10
10.	5		25.	●●●●● ●●●●
11.	●●●●●		26.	●● ●● ● ●● ●●
12.	7		27.	●● ●● ●● ●●
13.	●●●●● ●●		28.	8
14.	●●●●● ●		29.	●● ●● ● ●●●
15.	6		30.	●●● ●●●● ●● ●●●

第四课: 代表放在一起数字键的情况。依靠一个嵌入式数字或部分数字,总计6和7,并生成所有每个总计的加法表达式。

11

| 单位的故事 | | 第五课掌握度模板1 | 1•1 |

摇那些园盘 1—6

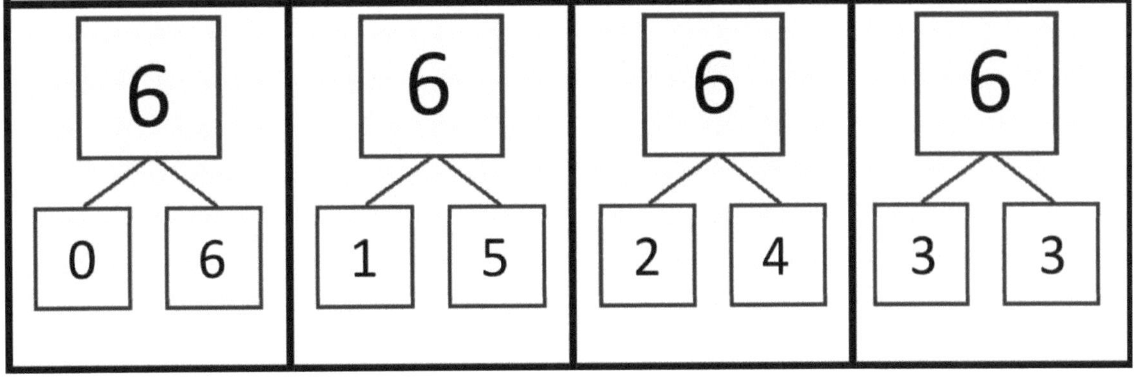

6 0 6	6 1 5	6 2 4	6 3 3

摇那些园盘 6 板

第五课： 代表放在一起数字键的情况。依靠一个嵌入式数字或部分数字, 总计6和7, 并生成所有每个总计的加法表达式。

单位的故事　　　　　　　　　　　　　　　　　　　　第五课掌握度模板 2　1•1

姓名 _____　　　　　日期 _____

在 90 秒内做越多越好。在这里写下你完成的数字链：

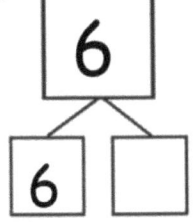 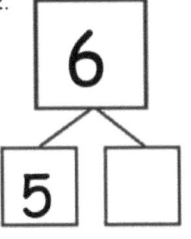 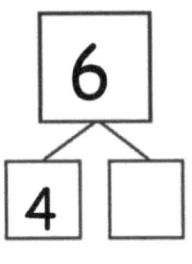 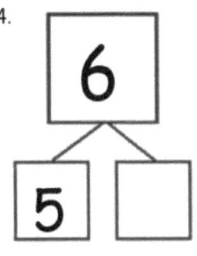 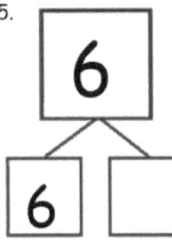

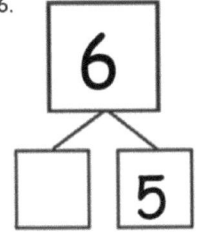 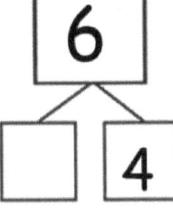 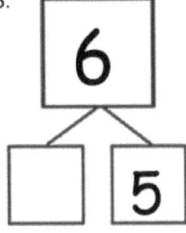 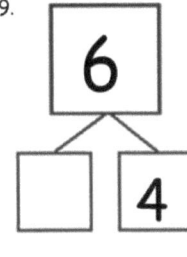 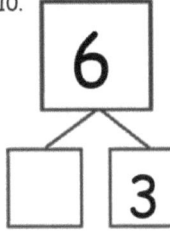

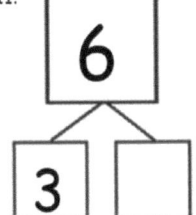 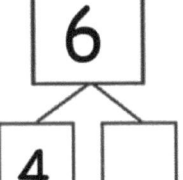 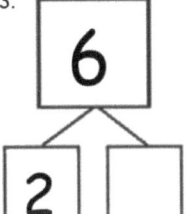 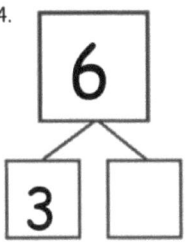

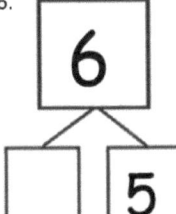 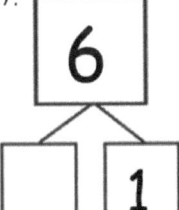 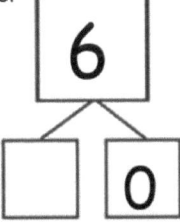 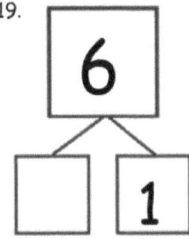

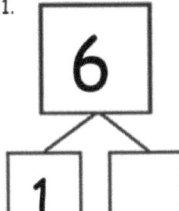 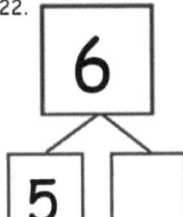 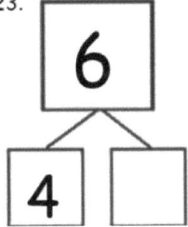 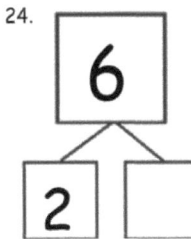

数字链冲刺 6

单位的故事　　　　　　　　　　　　　　　　　　　　第六课掌握度模板　1•1

姓名 _____　　日期 _____

在 90 秒内做越多越好。在这里写出您完成的数字链数目：

1.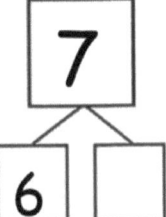
2.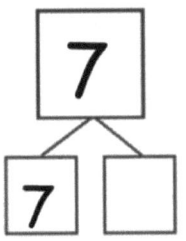
3.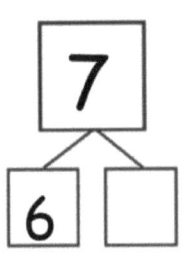
4.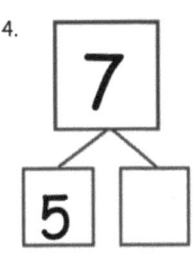
5.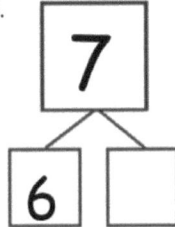

6.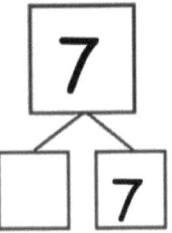
7.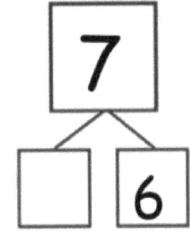
8.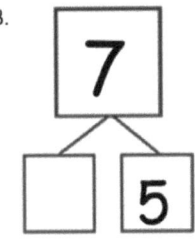
9.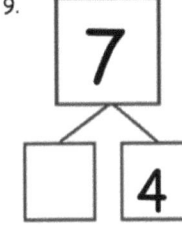
10.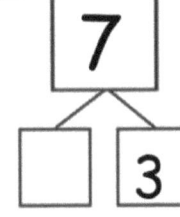

11.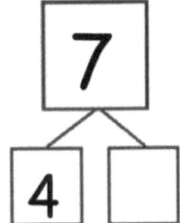
12.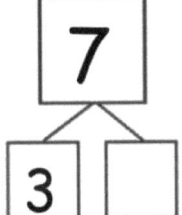
13.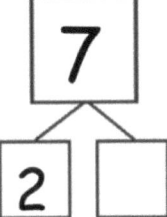
14.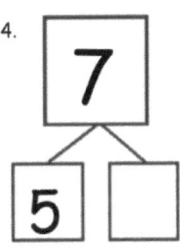
15.

16.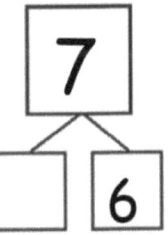
17.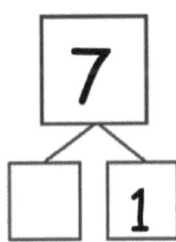
18.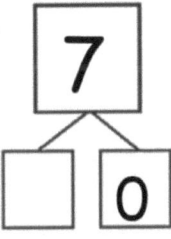
19.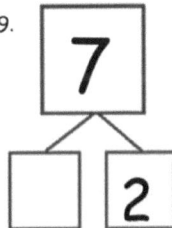
20.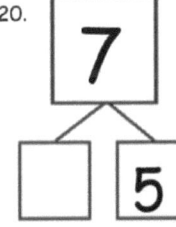

21.
22.
23.
24.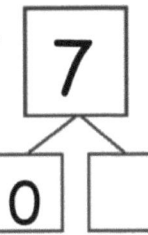
25.

数字键冲刺 7

第六课：代表放在一起数字键的情况。依靠一个嵌入的数字或部分数字，总计8和9，并生成所有每个总计的表达式。

17

摇那些园盘 1—8

8 = 0 + 8	8 = 1 + 7	8 = 2 + 6	8 = 3 + 5	8 = 4 + 4

摇那些园盘 8

第七课： 代表放在一起数字键的情况。依靠一个嵌入的数字或部分数字,总计8和9,并生成所有每个总计的表达式。

单位的故事   第七课掌握度模板 2

姓名 _____   日期 _____

在 90 秒内做越多越好。在这里写下你完成的数字链数目：

1.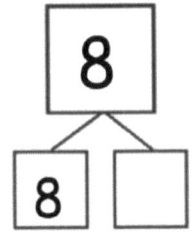
2.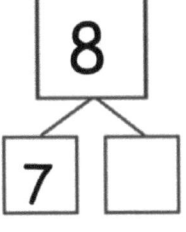
3.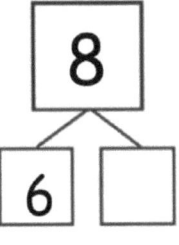
4.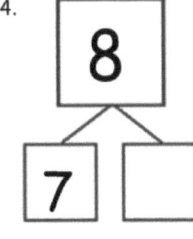
5.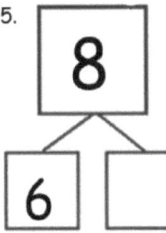

6.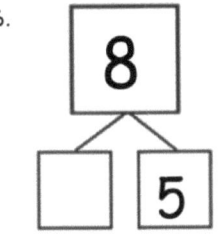
7.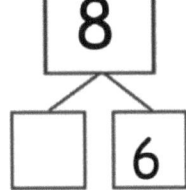
8.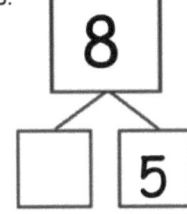
9.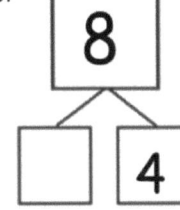
10.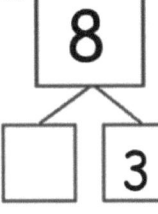

11.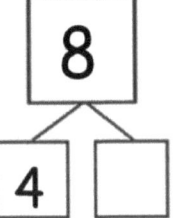
12.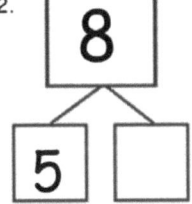
13.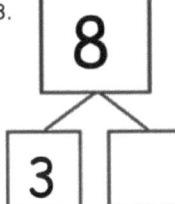
14.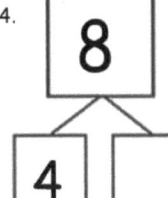
15.

16.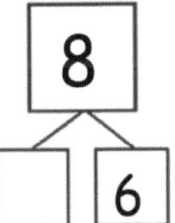
17.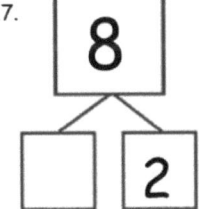
18.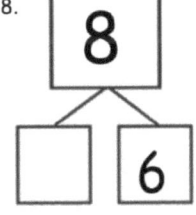
19.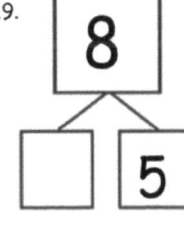
20.

21.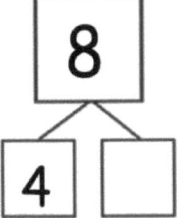
22.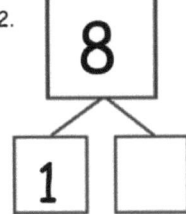
23.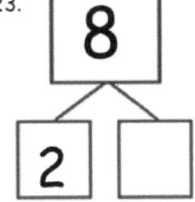
24.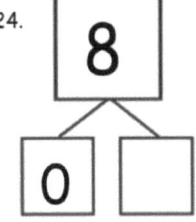
25.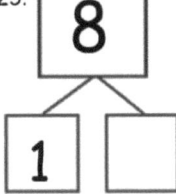

数字键冲刺 8

第七课：代表放在一起数字键的情况。依靠一个嵌入的数字或部分数字，总计8和9，并生成所有每个总计的表达式。

单位的故事　　　　　　　　　　　　　　　　　第八课掌握度模板　1•1

姓名 _____　　日期 _____

在 90 秒内做越多越好。在这里写下你完成的数字链数目：

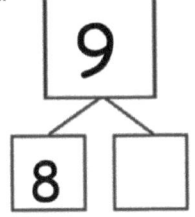 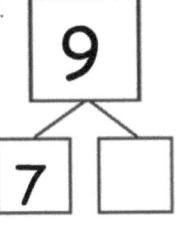 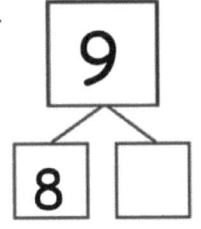 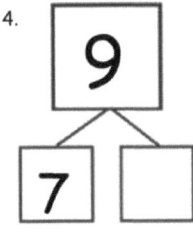 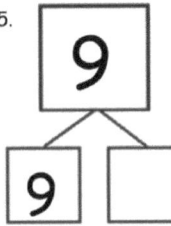

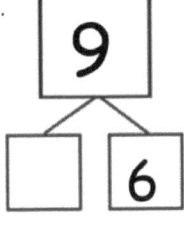 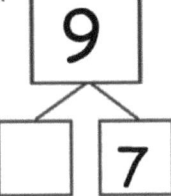 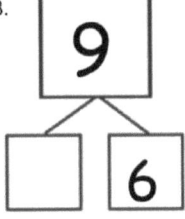 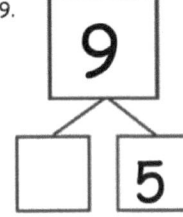 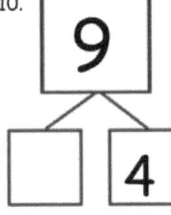

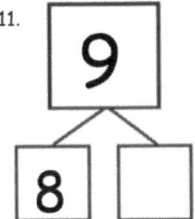 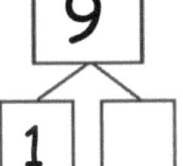 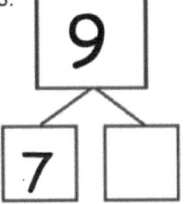 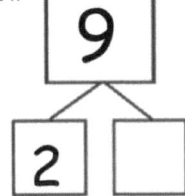 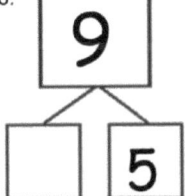

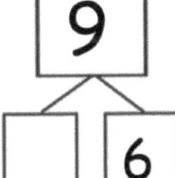 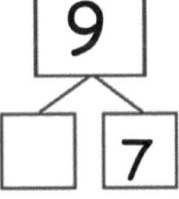 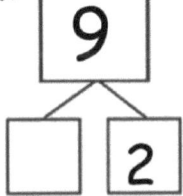 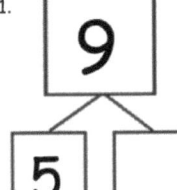 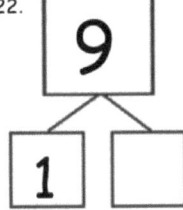

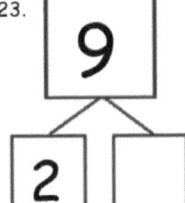 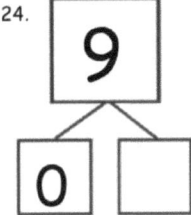 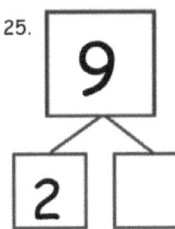 

数字键冲刺 9

第八课：　表示10的所有数字对作为一个给定情境的数字链。

| 单位的故事 | 第九课掌握度模板 | 1•1 |

姓名 _____   日期 _____

在90秒内尽您所能。在这里写下您完成的数字链数目：

1. 10 → 10, ☐
2. 10 → 9, ☐
3. 10 → 8, ☐
4. 10 → 9, ☐
5. 10 → 10, ☐

6. 10 → ☐, 9
7. 10 → ☐, 8
8. 10 → ☐, 7
9. 10 → ☐, 8
10. 10 → ☐, 7

11. 10 → 6, ☐
12. 10 → 7, ☐
13. 10 → 6, ☐
14. 10 → 5, ☐
15. 10 → 4, ☐

16. 10 → ☐, 6
17. 10 → ☐, 4
18. 10 → ☐, 3
19. 10 → ☐, 4
20. 10 → ☐, 3

21. 10 → 0, ☐
22. 10 → 1, ☐
23. 10 → 2, ☐
24. 10 → 4, ☐
25. 10 → 2, ☐

数字链冲刺 10

第九课： 通过绘画、写等式和写出解决方案陈述来解决加数而未知结果与相加而未知结果的数学故事。

目标数:

箭靶练习

选一个介于 6 到 10 的箭靶数字,并写进本页上方的圆圈里。掷骰子。在其中一支箭末端的圆圈写下掷出的数字。然后,在另一个圆圈写下完成箭靶数字所需的数字来射中靶心。

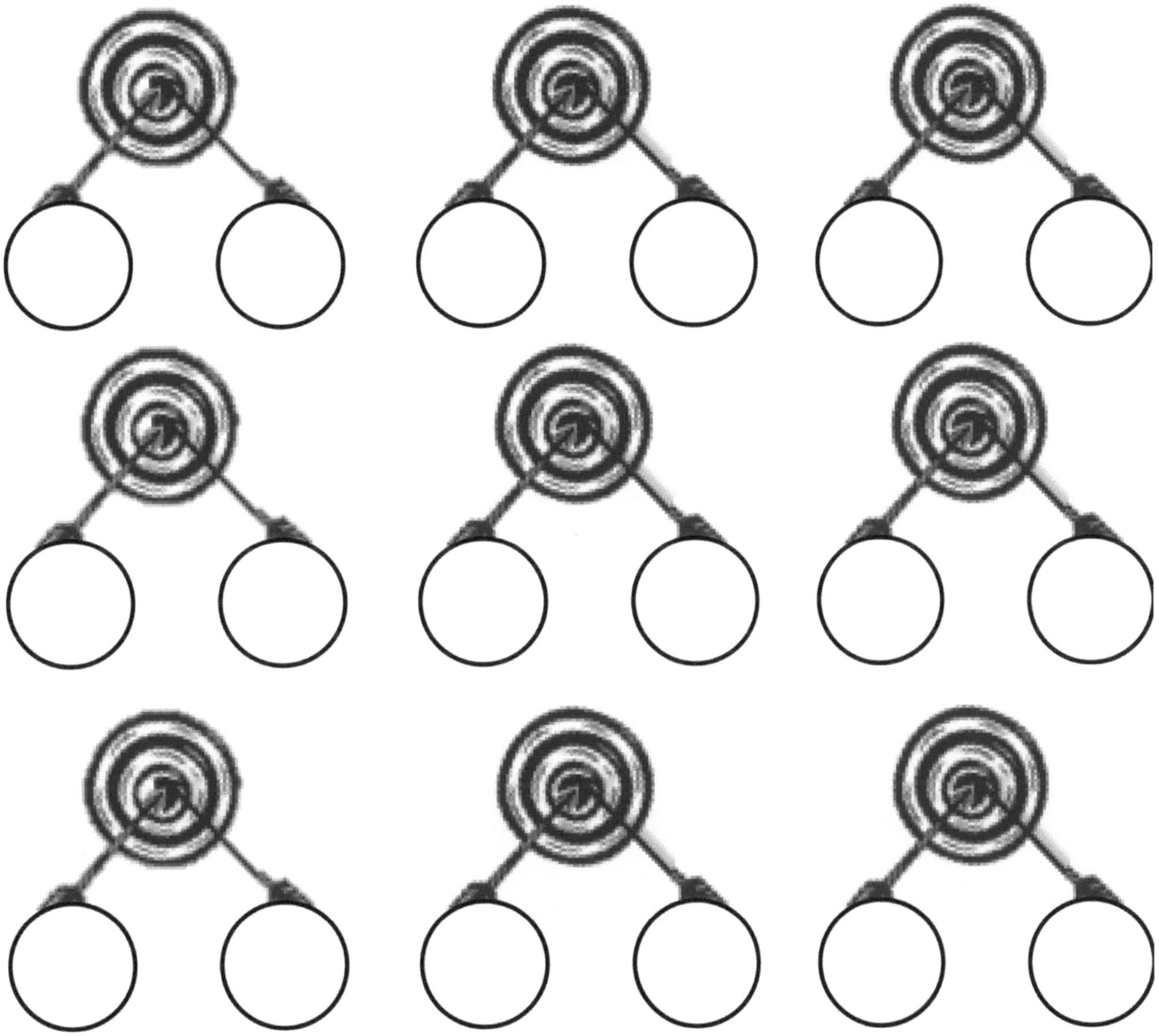

箭靶练习

第十课: 通过绘画和使用5-组卡来解决相加而结果未知的数学故事。

单位的故事　　　　　　　　　　　　　　　　　　　　　第十五课冲刺　1•1

A

正确的数字：

姓名 _____　　　日期 _____

*计数来相加。写下数量。

1.	1 + 1 ● ●		16.	4 + 3 ●●●
2.	2 + 1 ●● ●		17.	5 + 3 ●●●
3.	3 + 1 ●●● ●		18.	7 + 3 ●●●
4.	3 + 2 ●●● ●●		19.	7 + 2 ●●
5.	1 + 2 ● ●●		20.	8 + 2 ●●
6.	2 + 2 ●● ●●		21.	6 + 2 ●●
7.	2 + 3 ●● ●●●		22.	6 + 1 ●
8.	2 + 1 ●		23.	6 + 1
9.	2 + 2 ●●		24.	6 + 2
10.	3 + 2 ●●		25.	7 + 2
11.	5 + 2 ●●		26.	8 + 2
12.	8 + 2 ●●		27.	2 + 8
13.	8 + 1 ●		28.	2 + 6
14.	7 + 1 ●		29.	3 + 6
15.	9 + 1 ●		30.	4 + 5

第十五课：　使用数字和5组卡片和手指最多可再指望3个跟踪更改。

B

姓名 _____ **日期** _____

*计数来相加。写下数量。

1.	1 + 1		16.	4 + 2	
2.	2 + 2		17.	3 + 2	
3.	3 + 2		18.	5 + 2	
4.	2 + 2		19.	7 + 2	
5.	2 + 1		20.	7 + 3	
6.	3 + 1		21.	6 + 3	
7.	3 + 2		22.	6 + 2	
8.	3 + 2		23.	6 + 2	
9.	2 + 2		24.	5 + 2	
10.	4 + 2		25.	7 + 2	
11.	1 + 2		26.	6 + 2	
12.	2 + 1		27.	2 + 6	
13.	3 + 1		28.	2 + 7	
14.	5 + 1		29.	3 + 7	
15.	7 + 1		30.	4 + 7	

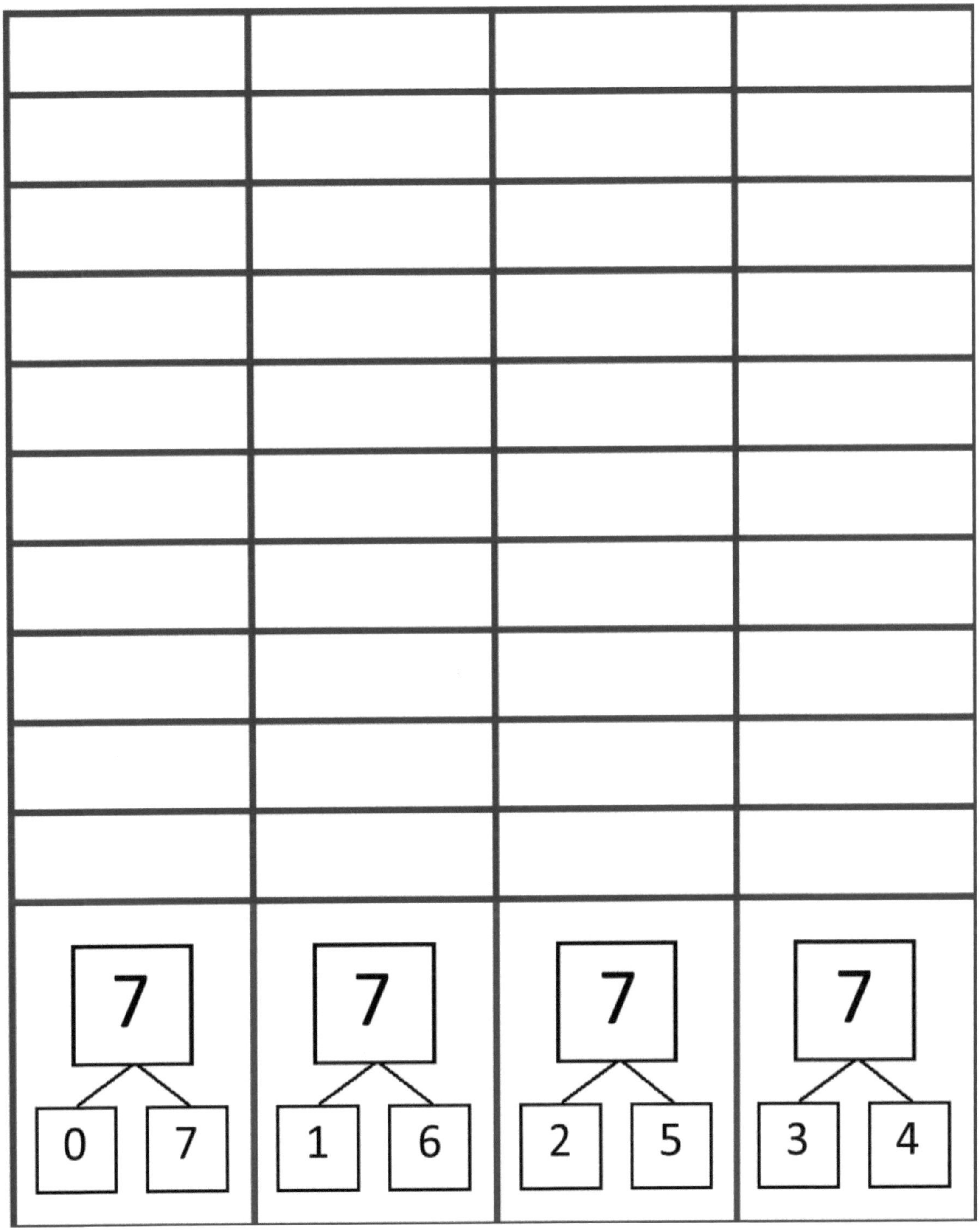

7 (0, 7)	7 (1, 6)	7 (2, 5)	7 (3, 4)

摇那些园盘 7 板

第十六课: 计数来找出缺少的加数算式中未知的部分,例如6 + ____ =9。回答:"还要多多少才是6、7、8、9和10?"

单位的故事 第十九课冲刺 1•1

A

正确的数字:

姓名 _____ 日期 _____

*计数来相加。

1.	1个 + 1		16.	4 + 3	
2.	2 + 1		17.	3 + 3	
3.	3 + 1		18.	4 + 3	
4.	3 + 2		19.	3 + 4	
5.	2 + 2		20.	2 + 4	
6.	3 + 2		21.	4 + 2	
7.	2 + 2		22.	5 + 2	
8.	3 + 0		23.	2 + 5	
9.	3 + 1		24.	2 + 6	
10.	3 + 2		25.	6 + 3	
11.	5 + 2		26.	3 + 6	
12.	5 + 3		27.	2 + 7	
13.	5 + 2		28.	3 + 7	
14.	5 + 3		29.	2 + 8	
15.	6 + 3		30.	3 + 6	

第十九课: 用重新定位的加数来代表同一个故事情境(共同特性)。

B

单位的故事　　　　　　　　　　　　　　　　　　　第十九课冲刺　1•1

正确的数字：

姓名 _____　　日期 _____

*计数来相加。

1.	2 + 1		16.	4 + 3	
2.	1个 + 1		17.	3 + 3	
3.	2 + 1个		18.	2 + 3	
4.	2 + 2		19.	1 + 3	
5.	3 + 2		20.	0 + 3	
6.	2 + 2		21.	1 + 3	
7.	3 + 2		22.	2 + 5	
8.	3 + 1		23.	5 + 2	
9.	5 + 1		24.	2 + 6	
10.	6 + 1		25.	6 + 2	
11.	6 + 2		26.	3 + 6	
12.	5 + 2		27.	3 + 7	
13.	6 + 2		28.	2 + 7	
14.	6 + 3		29.	2 + 6	
15.	5 + 3		30.	3 + 6	

第十九课：　用重新定位的加数来代表同一个故事情境(共同特性)。

姓名 _____ 日期 _____

 力争上游！

| 0 | 2 | 4 | 6 | 8 | 10 |

A

单位的故事 第二十八课冲刺 1•1

正确的数字:

姓名 _____ 日期 _____

*写出减1的数字。

1.	5		16.	10	
2.	4		17.	8	
3.	3		18.	11	
4.	5		19.	10	
5.	3		20.	9	
6.	1		21.	1	
7.	4		22.	11	
8.	5		23.	21	
9.	7		24.	4	
10.	6		25.	14	
11.	7		26.	24	
12.	9		27.	10	
13.	8		28.	20	
14.	9		29.	21	
15.	10		30.	31	

第二十八课: 使用数学图、实数算式和陈述来解决减去但结果未知的数学故事,并使用水平记号来删掉被减去的数字。

Copyright © Great Minds PBC

B

单位的故事 第二十八课冲刺 1•1

正确的数字:

姓名 _____ 日期 _____

*写出减1的数字。

1.	3		16.	10	
2.	2		17.	9	
3.	1		18.	11	
4.	6		19.	9	
5.	4		20.	13	
6.	2		21.	11	
7.	1		22.	1	
8.	3		23.	11	
9.	5		24.	21	
10.	7		25.	5	
11.	10		26.	15	
12.	9		27.	25	
13.	8		28.	20	
14.	6		29.	10	
15.	17		30.	21	

第二十八课: 使用数学图、实数算式和陈述来解决减去但结果未知的数学故事,并使用水平记号来删掉被减去的数字。

A

正确的数字：_____

相加

1.	3 + 1 =	
2.	4 + 1 =	
3.	5 + 1 =	
4.	9 + 1 =	
5.	6 + 1 =	
6.	8 + 1 =	
7.	2 + 1 =	
8.	7 + 1 =	
9.	1 + 7 =	
10.	1 + 9 =	
11.	1 + 6 =	
12.	2 + 2 =	
13.	3 + 2 =	
14.	4 + 2 =	
15.	8 + 2 =	
16.	5 + 2 =	
17.	6 + 2 =	
18.	7 + 2 =	
19.	2 + 7 =	
20.	2 + 8 =	
21.	2 + 5 =	
22.	2 + 6 =	

23.	1 + 2 =	
24.	3 + 6 =	
25.	1 + 8 =	
26.	2 + 3 =	
27.	1 + 4 =	
28.	2 + 4 =	
29.	1 + 3 =	
30.	1 + 5 =	
31.	3 + 3 =	
32.	4 + 3 =	
33.	5 + 3 =	
34.	6 + 3 =	
35.	7 + 3 =	
36.	3 + 7 =	
37.	3 + 4 =	
38.	3 + 5 =	
39.	4 + 4 =	
40.	5 + 4 =	
41.	6 + 4 =	
42.	4 + 6 =	
43.	4 + 5 =	
44.	5 + 5 =	

B

单位的故事 第三十三课冲刺

正确的数字：_____

改善：_____

相加

1.	2 + 1 =		23.	1 + 8 =	
2.	3 + 1 =		24.	3 + 7 =	
3.	4 + 1 =		25.	1 + 5 =	
4.	8 + 1 =		26.	2 + 4 =	
5.	5 + 1 =		27.	1 + 4 =	
6.	7 + 1 =		28.	2 + 3 =	
7.	9 + 1 =		29.	1 + 3 =	
8.	6 + 1 =		30.	1 + 2 =	
9.	1 + 6 =		31.	3 + 3 =	
10.	1 + 9 =		32.	4 + 3 =	
11.	1 + 7 =		33.	5 + 3 =	
12.	2 + 2 =		34.	7 + 3 =	
13.	3 + 2 =		35.	6 + 3 =	
14.	4 + 2 =		36.	3 + 6 =	
15.	7 + 2 =		37.	3 + 5 =	
16.	5 + 2 =		38.	3 + 4 =	
17.	8 + 2 =		39.	4 + 4 =	
18.	6 + 2 =		40.	5 + 4 =	
19.	2 + 6 =		41.	6 + 4 =	
20.	2 + 8 =		42.	4 + 6 =	
21.	2 + 5 =		43.	4 + 5 =	
22.	2 + 7 =		44.	5 + 5 =	

第三十三课： 用图画建模减0和 减1并作为减法算式。

A

单位的故事   第三十四课冲刺   1•1

姓名 _____ 日期 _____

正确的数字：

*写出每个减法算式中缺失的数字。注意 = 号。

1.	2 - 1 = ☐		16.	☐ = 10 - 0
2.	1 - 1 = ☐		17.	☐ = 10 - 1
3.	1 - 0 = ☐		18.	☐ = 9 - 1
4.	3 - 1 = ☐		19.	☐ = 7 - 1
5.	3 - 0 = ☐		20.	☐ = 6 - 1
6.	4 - 0 = ☐		21.	☐ = 6 - 0
7.	4 - 1 = ☐		22.	☐ = 8 - 0
8.	5 - 1 = ☐		23.	8 - ☐ = 8
9.	6 - 1 = ☐		24.	☐ - 0 = 8
10.	6 - 0 = ☐		25.	7 - ☐ = 6
11.	8 - 0 = ☐		26.	7 = 7 - ☐
12.	10 - 0 = ☐		27.	9 = 9 - ☐
13.	9 - 0 = ☐		28.	☐ - 1 = 7
14.	9 - 1 = ☐		29.	☐ - 0 = 8
15.	10 - 1 = ☐		30.	9 = ☐ - 1

第三十四课：用图画建模 n - n 和 n - (n - 1) 并作为减法算式。

B

*写出每个减法算式中缺失的数字。注意 = 号。

1.	3 - 1 = ☐		16.	☐ = 10 - 1	
2.	2 - 1 = ☐		17.	☐ = 9 - 1	
3.	1 - 1 = ☐		18.	☐ = 7 - 1	
4.	1 - 0 = ☐		19.	☐ = 7 - 0	
5.	2 - 0 = ☐		20.	☐ = 8 - 0	
6.	4 - 0 = ☐		21.	☐ = 10 - 0	
7.	5 - 1 = ☐		22.	☐ = 9 - 1	
8.	7 - 1 = ☐		23.	9 - ☐ = 8	
9.	8 - 1 = ☐		24.	☐ - 1 = 8	
10.	9 - 0 = ☐		25.	7 - ☐ = 6	
11.	10 - 0 = ☐		26.	6 = 7 - ☐	
12.	7 - 0 = ☐		27.	9 = 9 - ☐	
13.	8 - 0 = ☐		28.	☐ - 0 = 9	
14.	10 - 1 = ☐		29.	☐ - 0 = 10	
15.	9 - 1 = ☐		30.	8 = ☐ - 1	

第三十四课: 用图画建模 n - n 和 n - (n - 1) 并作为减法算式。

A

姓名 _____ **日期** _____

正确的数字：

为每个减法算式写出缺失的数字。注意 = 号。

1.	2 - 2 = ☐		16.	0 = 10 - ☐	
2.	1 - 1 = ☐		17.	0 = 9 - ☐	
3.	1 - 0 = ☐		18.	0 = 8 - ☐	
4.	3 - 3 = ☐		19.	0 = 6 - ☐	
5.	3 - 2 = ☐		20.	1 = 6 - ☐	
6.	4 - 4 = ☐		21.	1 = 7 - ☐	
7.	4 - 3 = ☐		22.	1 = 10 - ☐	
8.	6 - 6 = ☐		23.	10 - ☐ = 1	
9.	7 - 7 = ☐		24.	☐ - 9 = 1	
10.	8 - 8 = ☐		25.	7 - ☐ = 0	
11.	8 - 7 = ☐		26.	0 = 7 - ☐	
12.	9 - 9 = ☐		27.	0 = 9 - ☐	
13.	9 - 8 = ☐		28.	☐ - 8 = 0	
14.	10 - 10 = ☐		29.	☐ - 7 = 1	
15.	10 - 9 = ☐		30.	1 = ☐ - 5	

第三十五课： 把涉及五和加倍的减法事实与相应的分解相关联。

单位的故事 　　　　　　　　　　　　　　　第三十五课冲刺　1•1

B

正确的数字：

姓名 _____　　　日期 _____

为每个减法算式写出缺失的数字。注意 = 号。

1.	3 - 3 = ☐		16.	0 = 6 - ☐	
2.	2 - 2 = ☐		17.	0 = 7 - ☐	
3.	1 - 1 = ☐		18.	0 = 8 - ☐	
4.	1 - 0 = ☐		19.	0 = 10 - ☐	
5.	2 - 1 = ☐		20.	1 = 10 - ☐	
6.	4 - 3 = ☐		21.	1 = 9 - ☐	
7.	5 - 4 = ☐		22.	1 = 7 - ☐	
8.	7 - 7 = ☐		23.	7 - ☐ = 1	
9.	8 - 8 = ☐		24.	☐ - 6 = 1	
10.	9 - 9 = ☐		25.	6 - ☐ = 0	
11.	10 - 10 = ☐		26.	0 = 6 - ☐	
12.	10 - 9 = ☐		27.	0 = 8 - ☐	
13.	8 - 7 = ☐		28.	☐ - 8 = 0	
14.	6 - 5 = ☐		29.	☐ - 6 = 1	
15.	6 - 6 = ☐		30.	1 = ☐ - 6	

第三十五课：　把涉及五和加倍的减法事实与相应的分解相关联。

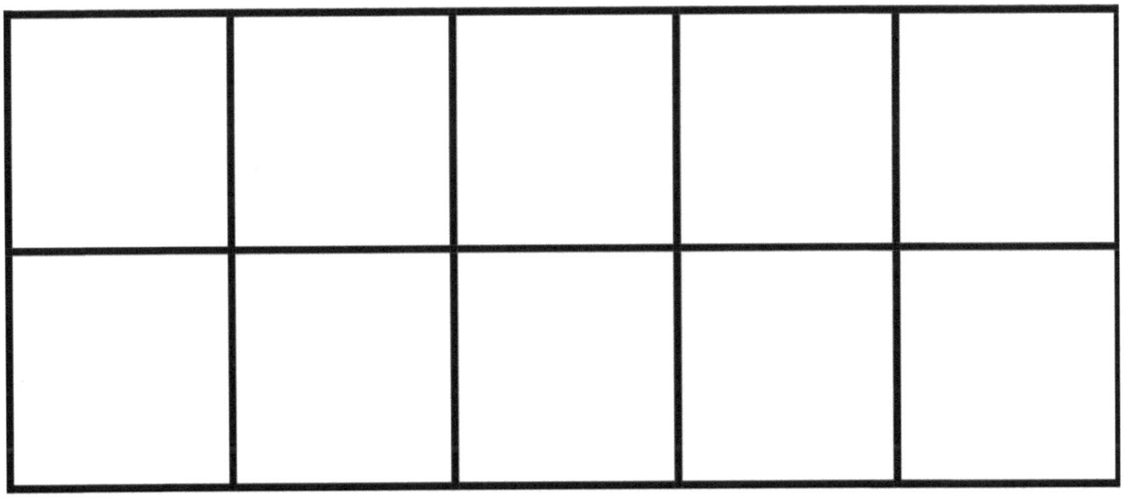

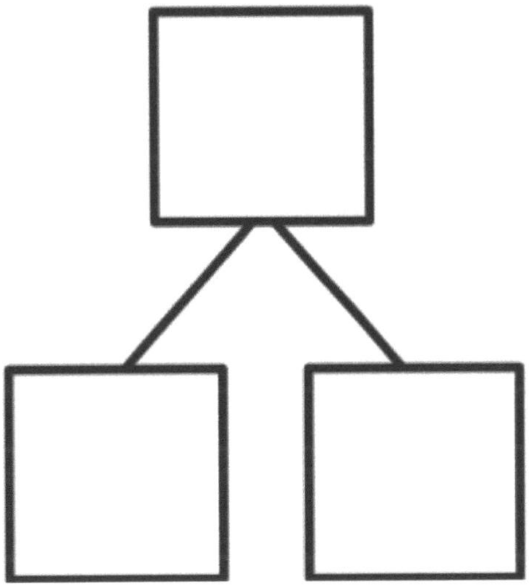

十框架

单位的故事　　　　　　　　　第三十七课冲刺　1•1

A

正确的数字：

姓名 _____　　日期 _____

*为每个数字算式写出缺失的数字。注意 + 和 - 号。

1.	9 + 1 = ☐		16.	10 - 7 = ☐	
2.	1 + 9 = ☐		17.	10 = 7 + ☐	
3.	10 - 1 = ☐		18.	10 = 3 + ☐	
4.	10 - 9 = ☐		19.	10 = 6 + ☐	
5.	10 + 0 = ☐		20.	10 = 4 + ☐	
6.	0 + 10 = ☐		21.	10 = 5 + ☐	
7.	10 - 0 = ☐		22.	10 - ☐ = 5	
8.	10 - 10 = ☐		23.	5 = 10 - ☐	
9.	8 + 2 = ☐		24.	6 = 10 - ☐	
10.	2 + 8 = ☐		25.	7 = 10 - ☐	
11.	10 - 2 = ☐		26.	7 = ☐ - 3	
12.	10 - 8 = ☐		27.	4 = 10 - ☐	
13.	7 + 3 = ☐		28.	5 = ☐ - 5	
14.	3 + 7 = ☐		29.	6 = 10 - ☐	
15.	10 - 3 = ☐		30.	7 = ☐ - 3	

第三十七课：　把从9减去与相应的分解相关联。

单位的故事　　　　　　　　　　　　　　　　　　　　　　　第三十七课冲刺　1·1

B

姓名 _____　　　日期 _____

正确的数字：

*为每个数字算式写出缺失的数字。注意 + 和 - 号。

1.	8 + 2 = ☐		16.	10 - 6 = ☐	
2.	2 + 8 = ☐		17.	10 = 8 + ☐	
3.	10 - 2 = ☐		18.	10 = 7 + ☐	
4.	10 - 8 = ☐		19.	10 = 3 + ☐	
5.	9 + 1 = ☐		20.	10 = 4 + ☐	
6.	1 + 9 = ☐		21.	10 = 5 + ☐	
7.	10 - 1 = ☐		22.	10 - ☐ = 5	
8.	10 - 9 = ☐		23.	6 = 10 - ☐	
9.	10 + 0 = ☐		24.	7 = 10 - ☐	
10.	0 + 10 = ☐		25.	8 = 10 - ☐	
11.	10 - 0 = ☐		26.	7 = ☐ - 3	
12.	10 - 10 = ☐		27.	2 = 10 - ☐	
13.	6 + 4 = ☐		28.	4 = ☐ - 6	
14.	4 + 6 = ☐		29.	3 = 10 - ☐	
15.	10 - 4 = ☐		30.	7 = ☐ - 3	

第三十七课：　把从9减去与相应的分解相关联。

单位的故事   第三十九课冲刺   1•1

A

正确的数字：

姓名 _____ 日期 _____

*为每个算式写出缺失的数字。

1.	8 和 2 是 ☐		16.	11 是 10 和 ☐	
2.	9 和 1个是 ☐		17.	11 是 1个和 ☐	
3.	7 和 3 是 ☐		18.	12 是 2 和 ☐	
4.	6 和 ☐ 是 10		19.	11 是 ☐ 和1	
5.	4 和 ☐ 是 10		20.	14 是 10 和 ☐	
6.	5 和 ☐ 是 10		21.	15 是 5 和 ☐	
7.	☐ 和 5 是 10		22.	18 是 8 和 ☐	
8.	13 是 10 和 ☐		23.	20 是 10 和 ☐	
9.	14 是 10 和 ☐		24.	2 多于 10 是 ☐	
10.	16 是 10 和 ☐		25.	10 多于 2 是 ☐	
11.	17 是 10 和 ☐		26.	10 是 ☐ 少于 12	
12.	19 是 10 和 ☐		27.	10 是 ☐ 少于 12	
13.	18 是 10 和 ☐		28.	8 少于 18 是 ☐	
14.	12 是 10 和 ☐		29.	6 少于 16 是 ☐	
15.	13 是 10 和 ☐		30.	10 少于 20 是 ☐	

第三十九课： 分析加法图表以创建相关的加法集和减法事实。

B

单位的故事 第三十九课冲刺

正确的数字:

姓名 _____ 日期 _____

*为每个算式写出缺失的数字。

1.	9 和 1 是 ☐		16.	13 是 10 和 ☐	
2.	8 和 2 是 ☐		17.	13 是 3 和 ☐	
3.	6 和 4 是 ☐		18.	11 是 1个 和 ☐	
4.	7 和 ☐ 是 10		19.	11 是 ☐ 和 1	
5.	3 和 ☐ 是 10		20.	15 是 ☐ 和 10	
6.	4 和 ☐ 是 10		21.	14 是 4 和 ☐	
7.	☐ 和 5 是 10		22.	19 是 9 和 ☐	
8.	14 是 10 和 ☐		23.	20 是 10 和 ☐	
9.	13 是 10 和 ☐		24.	1个 多于 10 是 ☐	
10.	17 是 10 和 ☐		25.	10 多于 1个 是 ☐	
11.	16 是 10 和 ☐		26.	10 是 ☐ 少于 11	
12.	15 是 10 和 ☐		27.	10 是 ☐ 少于 14	
13.	19 是 10 和 ☐		28.	7 少于 18 是 ☐	
14.	11 是 10 和 ☐		29.	7 少于 16 是 ☐	
15.	12 是 10 和 ☐		30.	10 少于 20 是 ☐	

第三十九课: 分析加法图表以创建相关的加法集和减法事实。

1年级

模块 2

A

单位的故事   第 4 课冲刺练习

姓名 _____ 日期 _____

答对数目：

*造十的加法。

1.	$9 + 1 + 3 = \square$		16.	$6 + 4 + 5 = \square$
2.	$9 + 1 + 5 = \square$		17.	$6 + 4 + 6 = \square$
3.	$1 + 9 + 5 = \square$		18.	$4 + 6 + 6 = \square$
4.	$1 + 9 + 1 = \square$		19.	$4 + 6 + 5 = \square$
5.	$5 + 5 + 4 = \square$		20.	$4 + 5 + 6 = \square$
6.	$5 + 5 + 6 = \square$		21.	$5 + 3 + 5 = \square$
7.	$5 + 5 + 5 = \square$		22.	$6 + 5 + 5 = \square$
8.	$8 + 2 + 1 = \square$		23.	$1 + 4 + 9 = \square$
9.	$8 + 2 + 3 = \square$		24.	$9 + 1 + \square = 14$
10.	$8 + 2 + 7 = \square$		25.	$8 + 2 + \square = 11$
11.	$2 + 8 + 7 = \square$		26.	$\square + 3 + 4 = 13$
12.	$7 + 3 + 3 = \square$		27.	$2 + \square + 6 = 16$
13.	$7 + 3 + 6 = \square$		28.	$1 + 1 + \square = 11$
14.	$7 + 3 + 7 = \square$		29.	$19 = 5 + \square + 9$
15.	$3 + 7 + 7 = \square$		30.	$18 = 2 + \square + 6$

第 4 课： 一个加数为 9 时造十。

单位的故事 第4课冲刺练习

B

姓名 _____

日期 _____

答对数目：

*造十的加法。

1.	5 + 5 + 4 = ☐		16.	6 + 4 + 2 = ☐	
2.	5 + 5 + 6 = ☐		17.	6 + 4 + 3 = ☐	
3.	5 + 5 + 5 = ☐		18.	4 + 6 + 3 = ☐	
4.	9 + 1 + 1 = ☐		19.	4 + 6 + 6 = ☐	
5.	9 + 1 + 2 = ☐		20.	4 + 7 + 6 = ☐	
6.	9 + 1 + 5 = ☐		21.	5 + 4 + 5 = ☐	
7.	1 + 9 + 5 = ☐		22.	8 + 5 + 5 = ☐	
8.	1 + 9 + 6 = ☐		23.	1 + 7 + 9 = ☐	
9.	8 + 2 + 4 = ☐		24.	9 + 1 + ☐ = 11	
10.	8 + 2 + 7 = ☐		25.	8 + 2 + ☐ = 12	
11.	2 + 8 + 7 = ☐		26.	☐ + 3 + 4 = 14	
12.	7 + 3 + 7 = ☐		27.	3 + ☐ + 7 = 20	
13.	7 + 3 + 8 = ☐		28.	7 + 8 + ☐ = 17	
14.	7 + 3 + 9 = ☐		29.	16 = 3 + ☐ + 6	
15.	3 + 7 + 9 = ☐		30.	19 = 2 + ☐ + 7	

第4课： 一个加数为9时造十。

单位的故事 第8课冲刺练习 1·2

A

姓名 _____ 日期 _____

答对数目:

*写出缺失的数字。

1.	9 + 1 = ☐		16.	9 + 5 = ☐	
2.	10 + 1 = ☐		17.	9 + 6 = ☐	
3.	9 + 2 = ☐		18.	6 + 9 = ☐	
4.	9 + 1 = ☐		19.	9 + 4 = ☐	
5.	10 + 2 = ☐		20.	4 + 9 = ☐	
6.	9 + 3 = ☐		21.	9 + 8 = ☐	
7.	9 + 1 = ☐		22.	9 + 9 = ☐	
8.	10 + 4 = ☐		23.	9 + ☐ = 18	
9.	9 + 5 = ☐		24.	☐ + 6 = 15	
10.	9 + 1 = ☐		25.	☐ + 6 = 16	
11.	10 + 6 = ☐		26.	13 = 9 + ☐	
12.	9 + 7 = ☐		27.	17 = 8 + ☐	
13.	9 + 1 = ☐		28.	10 + 2 = 9 + ☐	
14.	10 + 8 = ☐		29.	9 + 5 = 10 + ☐	
15.	9 + 9 = ☐		30.	☐ + 7 = 8 + 9	

第8课: 一个加数为 8 时造10。

B

单位的故事　　　　　　　　　第8课冲刺练习

姓名 _____　　日期 _____

答对数目：

*写出缺失的数字。

1.	9 + 1 = ☐		16.	5 + 9 = ☐	
2.	10 + 2 = ☐		17.	6 + 9 = ☐	
3.	9 + 3 = ☐		18.	9 + 6 = ☐	
4.	9 + 1 = ☐		19.	9 + 7 = ☐	
5.	10 + 1 = ☐		20.	7 + 9 = ☐	
6.	9 + 2 = ☐		21.	9 + 8 = ☐	
7.	9 + 1 = ☐		22.	9 + 9 = ☐	
8.	10 + 3 = ☐		23.	9 + ☐ = 17	
9.	9 + 4 = ☐		24.	☐ + 5 = 14	
10.	9 + 1 = ☐		25.	☐ + 4 = 14	
11.	10 + 5 = ☐		26.	15 = 9 + ☐	
12.	9 + 6 = ☐		27.	16 = 7 + ☐	
13.	9 + 1 = ☐		28.	10 + 4 = 9 + ☐	
14.	10 + 4 = ☐		29.	9 + 6 = 10 + ☐	
15.	9 + 5 = ☐		30.	☐ + 6 = 7 + 9	

第8课：　一个加数为 8 时造10。

A

单位的故事 第 11 课冲刺练习 1·2

答对数目:

姓名 _____ 日期 _____

*写出缺失的数字。

1.	9 + 2 = ☐		16.	4 + 8 = ☐	
2.	9 + 3 = ☐		17.	8 + 4 = ☐	
3.	9 + 5 = ☐		18.	7 + 4 = ☐	
4.	9 + 4 = ☐		19.	7 + 5 = ☐	
5.	8 + 2 = ☐		20.	7 + 6 = ☐	
6.	8 + 3 = ☐		21.	6 + 7 = ☐	
7.	8 + 5 = ☐		22.	9 + 9 = ☐	
8.	8 + 4 = ☐		23.	9 + ☐ = 18	
9.	9 + 4 = ☐		24.	☐ + 4 = 13	
10.	8 + 5 = ☐		25.	☐ + 4 = 12	
11.	9 + 5 = ☐		26.	12 = 3 + ☐	
12.	8 + 6 = ☐		27.	16 = 8 + ☐	
13.	9 + 6 = ☐		28.	9 + 4 = 8 + ☐	
14.	6 + 9 = ☐		29.	9 + 3 = 5 + ☐	
15.	9 + 6 = ☐		30.	☐ + 7 = 8 + 6	

第 11 课: 分享和批评同学对*相加未知总数文字问题*的解决策略。

B

姓名 _____ 日期 _____

答对数目:

*写出缺失的数字。

1.	9 + 1 = ☐		16.	3 + 8 = ☐	
2.	9 + 2 = ☐		17.	8 + 3 = ☐	
3.	9 + 4 = ☐		18.	7 + 3 = ☐	
4.	9 + 3 = ☐		19.	7 + 4 = ☐	
5.	8 + 2 = ☐		20.	7 + 5 = ☐	
6.	8 + 3 = ☐		21.	5 + 7 = ☐	
7.	8 + 5 = ☐		22.	8 + 8 = ☐	
8.	8 + 4 = ☐		23.	8 + ☐ = 16	
9.	9 + 4 = ☐		24.	☐ + 3 = 12	
10.	8 + 5 = ☐		25.	☐ + 4 = 12	
11.	9 + 5 = ☐		26.	12 = 3 + ☐	
12.	8 + 7 = ☐		27.	14 = 7 + ☐	
13.	9 + 7 = ☐		28.	9 + 3 = 8 + ☐	
14.	7 + 9 = ☐		29.	9 + 3 = 5 + ☐	
15.	9 + 7 = ☐		30.	☐ + 7 = 8 + 5	

第 11 课: 分享和批评同学对相加未知总数文字问题的解决策略。

○○○○○ ○○○○○

5-组行插入

第 12 课: 用 10 减 9 来解决文字问题。

A

单位的故事 第 14 课冲刺练习 1·2

答对数目:

姓名 _____ 日期 _____

*写出缺失的数字。

1.	10 − 9 = ☐		16.	10 − ☐ = 5	
2.	10 − 8 = ☐		17.	9 − ☐ = 5	
3.	10 − 6 = ☐		18.	8 − ☐ = 5	
4.	10 − 7 = ☐		19.	10 − ☐ = 3	
5.	10 − 6 = ☐		20.	9 − ☐ = 3	
6.	10 − 5 = ☐		21.	8 − ☐ = 3	
7.	10 − 6 = ☐		22.	☐ − 6 = 4	
8.	10 − 4 = ☐		23.	☐ − 6 = 3	
9.	10 − 3 = ☐		24.	☐ − 6 = 2	
10.	10 − 7 = ☐		25.	10 − 4 = 9 − ☐	
11.	10 − 8 = ☐		26.	8 − 2 = 10 − ☐	
12.	10 − 2 = ☐		27.	8 − ☐ = 10 − 3	
13.	10 − 1 = ☐		28.	9 − ☐ = 10 − 3	
14.	10 − 9 = ☐		29.	10 − 4 = 9 − ☐	
15.	10 − 10 = ☐		30.	☐ − 2 = 10 − 4	

第 14 课: 从十三至十九减去 9 的模型。

B

单位的故事
第 14 课冲刺练习

姓名 _____ 日期 _____

*写出缺失的数字。

1.	10 − 8 = ☐		16.	10 − ☐ = 0	
2.	10 − 9 = ☐		17.	9 − ☐ = 0	
3.	10 − 8 = ☐		18.	8 − ☐ = 0	
4.	10 − 9 = ☐		19.	10 − ☐ = 1	
5.	10 − 7 = ☐		20.	9 − ☐ = 1	
6.	10 − 9 = ☐		21.	8 − ☐ = 1	
7.	10 − 8 = ☐		22.	☐ − 5 = 5	
8.	10 − 7 = ☐		23.	☐ − 5 = 4	
9.	10 − 3 = ☐		24.	☐ − 5 = 3	
10.	10 − 7 = ☐		25.	10 − 8 = 9 − ☐	
11.	10 − 6 = ☐		26.	8 − 6 = 10 − ☐	
12.	10 − 4 = ☐		27.	8 − ☐ = 10 − 2	
13.	10 − 3 = ☐		28.	9 − ☐ = 10 − 2	
14.	10 − 7 = ☐		29.	10 − 3 = 9 − ☐	
15.	10 − 5 = ☐		30.	☐ − 1 = 10 − 3	

第 14 课: 从十三至十九减去 9 的模型。

A

单位的故事 第 17 课冲刺练习

姓名 _____ 日期 _____

答对数目:

*写出缺失的数字。注意加减号。

1.	10 − 9 = ☐		16.	10 − 9 = ☐	
2.	1 + 2 = ☐		17.	11 − 9 = ☐	
3.	10 − 9 = ☐		18.	12 − 9 = ☐	
4.	1 + 3 = ☐		19.	15 − 9 = ☐	
5.	10 − 9 = ☐		20.	14 − 9 = ☐	
6.	1 + 1 = ☐		21.	13 − 9 = ☐	
7.	10 − 9 = ☐		22.	17 − 9 = ☐	
8.	1 + 2 = ☐		23.	18 − 9 = ☐	
9.	12 − 9 = ☐		24.	9 + ☐ = 13	
10.	10 − 9 = ☐		25.	9 + ☐ = 14	
11.	1 + 3 = ☐		26.	9 + ☐ = 16	
12.	13 − 9 = ☐		27.	9 + ☐ = 15	
13.	10 − 9 = ☐		28.	9 + ☐ = 17	
14.	1 + 5 = ☐		29.	9 + ☐ = 18	
15.	15 − 9 = ☐		30.	9 + ☐ = 19	

第 17 课: 从十三至十九减去 8 的模型。

单位的故事　　　　　　　　　　　　　　　　　　第 17 课冲刺练习

B

姓名 _____　　日期 _____

答对数目：

*写出缺失的数字。注意加减号。

1.	10 − 9 = ☐		16.	10 − 9 = ☐	
2.	1 + 1 = ☐		17.	11 − 9 = ☐	
3.	10 − 9 = ☐		18.	13 − 9 = ☐	
4.	1 + 2 = ☐		19.	14 − 9 = ☐	
5.	10 − 9 = ☐		20.	13 − 9 = ☐	
6.	1 + 3 = ☐		21.	12 − 9 = ☐	
7.	10 − 9 = ☐		22.	15 − 9 = ☐	
8.	1 + 4 = ☐		23.	16 − 9 = ☐	
9.	14 − 9 = ☐		24.	9 + ☐ = 12	
10.	10 − 9 = ☐		25.	9 + ☐ = 13	
11.	1 + 3 = ☐		26.	9 + ☐ = 15	
12.	13 − 9 = ☐		27.	9 + ☐ = 14	
13.	10 − 9 = ☐		28.	9 + ☐ = 15	
14.	1 + 2 = ☐		29.	9 + ☐ = 17	
15.	12 − 9 = ☐		30.	9 + ☐ = 16	

第 17 课：　从十三至十九减去 8 的模型。

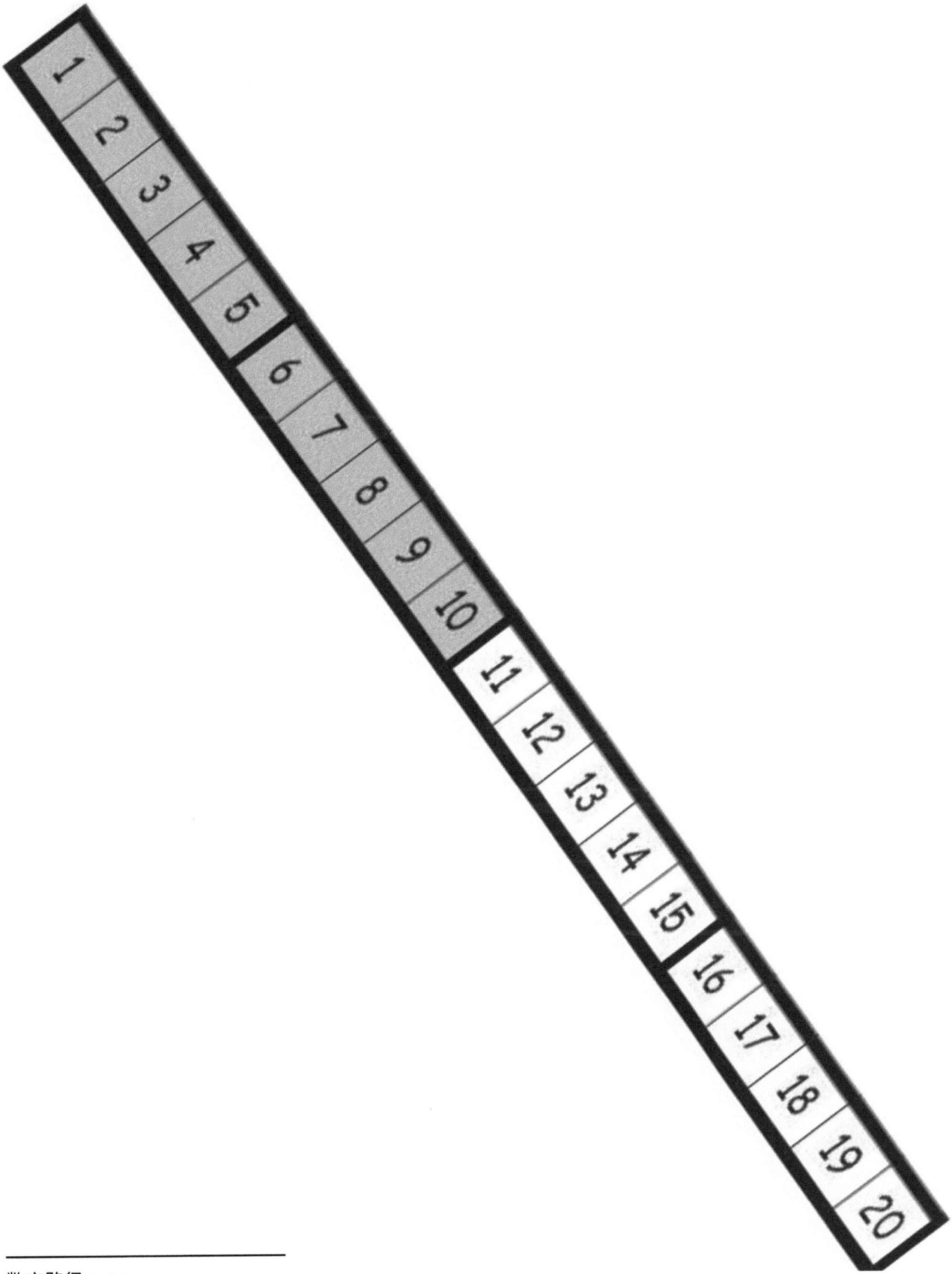

单位的故事　　　　　　　　　　　　　　　第 18 课掌握度模板 2

数字路径 1–20

第 18 课：　　从十三至十九减去 8 的模型。

A

单位的故事　　　　　　　　　**第 20 课冲刺练习**　**1·2**

姓名 _____　　日期 _____

答对数目：

*写出缺失的数字。注意加减号。

1.	10 − 8 = ☐		16.	10 − 8 = ☐	
2.	2 + 2 = ☐		17.	11 − 8 = ☐	
3.	10 − 8 = ☐		18.	12 − 8 = ☐	
4.	2 + 3 = ☐		19.	15 − 8 = ☐	
5.	10 − 8 = ☐		20.	14 − 8 = ☐	
6.	2 + 4 = ☐		21.	13 − 8 = ☐	
7.	10 − 8 = ☐		22.	17 − 8 = ☐	
8.	2 + 1 = ☐		23.	18 − 8 = ☐	
9.	11 − 8 = ☐		24.	8 + ☐ = 11	
10.	10 − 8 = ☐		25.	8 + ☐ = 12	
11.	2 + 2 = ☐		26.	8 + ☐ = 15	
12.	12 − 8 = ☐		27.	8 + ☐ = 14	
13.	10 − 8 = ☐		28.	8 + ☐ = 16	
14.	2 + 5 = ☐		29.	8 + ☐ = 17	
15.	15 − 8 = ☐		30.	8 + ☐ = 18	

第 20 课：　从十三至十九减去 7、8 和 9。

B

姓名 _____ 日期 _____

答对数目:

*写出缺失的数字。注意加减号。

1.	10 − 8 = ☐		16.	10 − 8 = ☐	
2.	2 + 1 = ☐		17.	11 − 8 = ☐	
3.	10 − 8 = ☐		18.	13 − 8 = ☐	
4.	2 + 2 = ☐		19.	14 − 8 = ☐	
5.	10 − 8 = ☐		20.	13 − 8 = ☐	
6.	2 + 3 = ☐		21.	12 − 8 = ☐	
7.	10 − 8 = ☐		22.	15 − 8 = ☐	
8.	2 + 2 = ☐		23.	16 − 8 = ☐	
9.	12 − 8 = ☐		24.	8 + ☐ = 10	
10.	10 − 8 = ☐		25.	8 + ☐ = 11	
11.	2 + 3 = ☐		26.	8 + ☐ = 13	
12.	13 − 8 = ☐		27.	8 + ☐ = 12	
13.	10 − 8 = ☐		28.	8 + ☐ = 13	
14.	2 + 2 = ☐		29.	8 + ☐ = 15	
15.	12 − 8 = ☐		30.	8 + ☐ = 16	

第 20 课: 从十三至十九减去 7、8 和 9。

单位的故事 　　　　　　　　　　　　　　　　　　　　　　　第 21 课冲刺练习　1·2

A

姓名 _____　　　日期 _____

答对数目：

*写出缺失的数字。

1.	10 − 9 = ☐		16.	12 − 7 = ☐	
2.	11 − 9 = ☐		17.	13 − 7 = ☐	
3.	13 − 9 = ☐		18.	14 − 7 = ☐	
4.	10 − 8 = ☐		19.	15 − 9 = ☐	
5.	11 − 8 = ☐		20.	15 − 8 = ☐	
6.	13 − 8 = ☐		21.	15 − 7 = ☐	
7.	10 − 7 = ☐		22.	17 − 7 = ☐	
8.	11 − 7 = ☐		23.	16 − 7 = ☐	
9.	13 − 7 = ☐		24.	17 − 7 = ☐	
10.	12 − 9 = ☐		25.	16 − ☐ = 9	
11.	13 − 9 = ☐		26.	16 − ☐ = 8	
12.	14 − 9 = ☐		27.	17 − ☐ = 8	
13.	12 − 8 = ☐		28.	17 − ☐ = 9	
14.	13 − 8 = ☐		29.	17 − ☐ = 16 − 8	
15.	14 − 8 = ☐		30.	☐ − 7 = 17 − 8	

B

第 21 课： 　分享和批评同学对减去结果未知和分解但加数未知的从十三到十九的文字问题。

单位的故事　　　　　　　　　　　　　　　　　　　　　　第 21 课冲刺练习　1•2

答对数目：

姓名 _____　　　　日期 _____

*写出缺失的数字。

1.	10 – 9 = ☐		16.	11 – 7 = ☐	
2.	11 – 9 = ☐		17.	12 – 7 = ☐	
3.	12 – 9 = ☐		18.	15 – 7 = ☐	
4.	10 – 8 = ☐		19.	15 – 9 = ☐	
5.	11 – 8 = ☐		20.	15 – 8 = ☐	
6.	12 – 8 = ☐		21.	15 – 7 = ☐	
7.	10 – 7 = ☐		22.	15 – 8 = ☐	
8.	11 – 7 = ☐		23.	16 – 8 = ☐	
9.	12 – 7 = ☐		24.	16 – 7 = ☐	
10.	11 – 9 = ☐		25.	16 – ☐ = 9	
11.	12 – 9 = ☐		26.	16 – ☐ = 8	
12.	15 – 9 = ☐		27.	16 – ☐ = 7	
13.	11 – 8 = ☐		28.	16 – ☐ = 9	
14.	12 – 8 = ☐		29.	16 – ☐ = 15 – 8	
15.	15 – 8 = ☐		30.	☐ – 8 = 15 – 7	

第 21 课：　分享和批评同学对减去结果未知和分解但加数未知的从十三到十九的文字问题。

单位的故事　　　　　　　　　　　　　　　　　　　　　　第 22 课 冲刺练习　1•2

A

姓名 _____　　日期 _____

答对数目：

*写出缺失的数字。

1.	2 + □ = 3		16.	2 + □ = 8	
2.	1 + □ = 3		17.	4 + □ = 8	
3.	□ + 1 = 3		18.	8 = □ + 6	
4.	□ + 2 = 4		19.	8 = 3 + □	
5.	3 + □ = 4		20.	□ + 3 = 9	
6.	1 + □ = 4		21.	2 + □ = 9	
7.	1 + □ = 5		22.	9 = □ + 1	
8.	4 + □ = 5		23.	9 = 4 + □	
9.	3 + □ = 5		24.	2 + 2 + □ = 9	
10.	3 + □ = 6		25.	2 + 2 + □ = 8	
11.	□ + 2 = 6		26.	3 + □ + 3 = 9	
12.	0 + □ = 6		27.	3 + □ + 2 = 9	
13.	1 + □ = 7		28.	5 + 3 = □ + 4	
14.	□ + 5 = 7		29.	□ + 4 = 1 + 5	
15.	□ + 4 = 7		30.	3 + □ = 2 + 6	

第 22 课：　　解决相加/分解但加数未知文字问题，并关联计数和减十策略。

101

单位的故事　　　　　　　　　　　　　　　　　　　　　　　　　第 22 课 冲刺练习　　1·2

B

答对数目：

姓名 _____　　　日期 _____

*写出缺失的数字。

1.	1 + □ = 3		16.	3 + □ = 8	
2.	0 + □ = 3		17.	2 + □ = 8	
3.	□ + 3 = 3		18.	8 = □ + 1	
4.	□ + 2 = 4		19.	8 = 4 + □	
5.	3 + □ = 4		20.	□ + 2 = 9	
6.	4 + □ = 4		21.	4 + □ = 9	
7.	4 + □ = 5		22.	9 = □ + 5	
8.	1 + □ = 5		23.	9 = 6 + □	
9.	2 + □ = 5		24.	1 + 5 + □ = 9	
10.	4 + □ = 6		25.	3 + 2 + □ = 8	
11.	□ + 2 = 6		26.	2 + □ + 6 = 9	
12.	3 + □ = 6		27.	3 + □ + 4 = 9	
13.	3 + □ = 7		28.	5 + 4 = □ + 6	
14.	□ + 4 = 7		29.	□ + 3 = 6 + 2	
15.	□ + 5 = 7		30.	4 + □ = 2 + 7	

第 22 课：　解决相加/分解但加数未知文字问题，并关联计数和减十策略。

单位的故事　　　　　　　　　　　　　　　　　　　　　　　　　第 23 课冲刺练习　1•2

A

姓名 _____　　　日期 _____

答对数目：

*写出缺失的数字。

1.	2 + ☐ = 3		16.	2 + ☐ = 8	
2.	1 + ☐ = 3		17.	4 + ☐ = 8	
3.	☐ + 1 = 3		18.	8 = ☐ + 6	
4.	☐ + 2 = 4		19.	8 = 3 + ☐	
5.	3 + ☐ = 4		20.	☐ + 3 = 9	
6.	1 + ☐ = 4		21.	2 + ☐ = 9	
7.	1 + ☐ = 5		22.	9 = ☐ + 1	
8.	4 + ☐ = 5		23.	9 = 4 + ☐	
9.	3 + ☐ = 5		24.	2 + 2 + ☐ = 9	
10.	3 + ☐ = 6		25.	2 + 2 + ☐ = 8	
11.	☐ + 2 = 6		26.	3 + ☐ + 3 = 9	
12.	0 + ☐ = 6		27.	3 + ☐ + 2 = 9	
13.	1 + ☐ = 7		28.	5 + 3 = ☐ + 4	
14.	☐ + 5 = 7		29.	☐ + 4 = 1 + 5	
15.	☐ + 4 = 7		30.	3 + ☐ = 2 + 6	

第 23 课：　　解决加数而未知变化问题，关联各种加法和减法策略。

B

单位的故事 第 23 课冲刺练习 1·2

答对数目：

姓名 _____   日期 _____

*写出缺失的数字。

1.	1 + ☐ = 3		16.	3 + ☐ = 8	
2.	0 + ☐ = 3		17.	2 + ☐ = 8	
3.	☐ + 3 = 3		18.	8 = ☐ + 1	
4.	☐ + 2 = 4		19.	8 = 4 + ☐	
5.	3 + ☐ = 4		20.	☐ + 2 = 9	
6.	4 + ☐ = 4		21.	4 + ☐ = 9	
7.	4 + ☐ = 5		22.	9 = ☐ + 5	
8.	1 + ☐ = 5		23.	9 = 6 + ☐	
9.	2 + ☐ = 5		24.	1 + 5 + ☐ = 9	
10.	4 + ☐ = 6		25.	3 + 2 + ☐ = 8	
11.	☐ + 2 = 6		26.	2 + ☐ + 6 = 9	
12.	3 + ☐ = 6		27.	3 + ☐ + 4 = 9	
13.	3 + ☐ = 7		28.	5 + 4 = ☐ + 6	
14.	☐ + 4 = 7		29.	☐ + 3 = 6 + 2	
15.	☐ + 5 = 7		30.	4 + ☐ = 2 + 7	

第 23 课： 解决加数而未知变化问题，关联各种加法和减法策略。

单位的故事

A

姓名 _____ 日期 _____

答对数目：

*写出缺失的数字。

1.	2 − ☐ = 1		16.	6 − ☐ = 2	
2.	2 − ☐ = 2		17.	6 − ☐ = 3	
3.	2 − ☐ = 0		18.	6 − ☐ = 4	
4.	3 − ☐ = 2		19.	7 − ☐ = 3	
5.	3 − ☐ = 1		20.	7 − ☐ = 2	
6.	3 − ☐ = 0		21.	7 − ☐ = 1	
7.	3 − ☐ = 3		22.	8 − ☐ = 2	
8.	4 − ☐ = 4		23.	8 − ☐ = 3	
9.	4 − ☐ = 3		24.	4 = 8 − ☐	
10.	4 − ☐ = 2		25.	2 = 9 − ☐	
11.	4 − ☐ = 1		26.	3 = 9 − ☐	
12.	5 − ☐ = 0		27.	4 = 9 − ☐	
13.	5 − ☐ = 1		28.	10 − 3 = 9 − ☐	
14.	5 − ☐ = 2		29.	9 − ☐ = 10 − 5	
15.	5 − ☐ = 3		30.	9 − ☐ = 10 − 6	

第 24 课：　制定策略来解决减去而未知变化问题。

| 单位的故事 | 第 24 课冲刺练习 | 1·2 |

B

姓名 _____   日期 _____

答对数目：

*写出缺失的数字。

1.	2 − ☐ = 2		16.	6 − ☐ = 3	
2.	2 − ☐ = 1		17.	6 − ☐ = 4	
3.	2 − ☐ = 0		18.	6 − ☐ = 5	
4.	3 − ☐ = 3		19.	7 − ☐ = 4	
5.	3 − ☐ = 2		20.	7 − ☐ = 3	
6.	3 − ☐ = 1		21.	7 − ☐ = 2	
7.	3 − ☐ = 0		22.	8 − ☐ = 3	
8.	4 − ☐ = 4		23.	8 − ☐ = 4	
9.	4 − ☐ = 3		24.	5 = 8 − ☐	
10.	4 − ☐ = 2		25.	3 = 9 − ☐	
11.	4 − ☐ = 1		26.	4 = 9 − ☐	
12.	5 − ☐ = 5		27.	5 = 9 − ☐	
13.	5 − ☐ = 4		28.	10 − 4 = 9 − ☐	
14.	5 − ☐ = 3		29.	9 − ☐ = 10 − 6	
15.	5 − ☐ = 2		30.	9 − ☐ = 10 − 5	

第 24 课：　　制定策略来解决减去而未知变化问题。

单位的故事　　　　　　　　　　　　　　　　　　　　　　第 25 课 冲刺练习　1•2

A

姓名 _____　　　　日期 _____

答对数目：

*写出缺失的数字。

1.	□ = 4 + 1		16.	7 + 3 = 4 + □	
2.	□ = 4 + 2		17.	6 + 4 = 5 + □	
3.	□ = 4 + 3		18.	5 + 5 = 6 + □	
4.	□ = 5 + 1		19.	5 + 3 = □ + 1	
5.	□ = 5 + 2		20.	5 + 4 = □ + 5	
6.	□ = 5 + 3		21.	4 + 5 = □ + 5	
7.	□ = 6 + 1		22.	2 + □ = 6 + 2	
8.	8 = 7 + □		23.	4 + □ = 5 + 3	
9.	9 = 8 + □		24.	□ + 4 = 5 + 2	
10.	9 = □ + 1		25.	□ + 6 = 4 + 3	
11.	9 = □ + 9		26.	4 + 2 = 1 + □	
12.	8 = □ + 1		27.	3 + 4 = □ + 2	
13.	□ = 7 + 1		28.	4 + 4 = 2 + □	
14.	10 = 8 + □		29.	3 + □ = 2 + 7	
15.	10 = □ + 8		30.	□ + 2 = 2 + 6	

第 25 课：　　制定策略并应用对等号的理解以解决当量表达式。

B

单位的故事　　　　　　　　　　　　　　第 25 课 冲刺练习　1·2

答对数目：

姓名 _____　　日期 _____

*写出缺失的数字。

1.	□ = 3 + 1		16.	5 + 5 = 4 + □	
2.	□ = 3 + 2		17.	6 + 4 = 7 + □	
3.	□ = 3 + 3		18.	3 + 7 = 8 + □	
4.	□ = 4 + 1		19.	5 + 2 = □ + 1	
5.	□ = 4 + 2		20.	5 + 3 = □ + 5	
6.	□ = 4 + 3		21.	4 + 4 = □ + 4	
7.	□ = 5 + 1		22.	3 + □ = 6 + 3	
8.	8 = 1 + □		23.	4 + □ = 5 + 4	
9.	9 = 1 + □		24.	□ + 4 = 2 + 5	
10.	8 = □ + 7		25.	□ + 6 = 3 + 4	
11.	8 = □ + 8		26.	4 + 3 = 1 + □	
12.	7 = □ + 1		27.	4 + 4 = □ + 2	
13.	□ = 6 + 1		28.	4 + 5 = 2 + □	
14.	10 = 9 + □		29.	3 + □ = 2 + 6	
15.	10 = □ + 9		30.	□ + 2 = 2 + 7	

第 25 课：　制定策略并应用对等号的理解以解决当量表达式。

A

单位的故事　　　　　　　　　　　　　　　　　　　　　　第 27 课 冲刺练习　1•2

答对数目：

姓名 _____　　日期 _____

*写出缺失的数字。

1.	10 + 3 = ☐		16.	10 + ☐ = 11	
2.	10 + 2 = ☐		17.	10 + ☐ = 12	
3.	10 + 1 = ☐		18.	5 + ☐ = 15	
4.	1 + 10 = ☐		19.	4 + ☐ = 14	
5.	4 + 10 = ☐		20.	☐ + 10 = 17	
6.	6 + 10 = ☐		21.	17 − ☐ = 7	
7.	10 + 7 = ☐		22.	16 − ☐ = 6	
8.	8 + 10 = ☐		23.	18 − ☐ = 8	
9.	12 − 10 = ☐		24.	☐ − 10 = 8	
10.	11 − 10 = ☐		25.	☐ − 10 = 9	
11.	10 − 10 = ☐		26.	1 + 1 + 10 = ☐	
12.	13 − 10 = ☐		27.	2 + 2 + 10 = ☐	
13.	14 − 10 = ☐		28.	2 + 3 + 10 = ☐	
14.	15 − 10 = ☐		29.	4 + ☐ + 3 = 17	
15.	18 − 10 = ☐		30.	☐ + 5 + 10 = 18	

第 27 课：解决加法和减法问题，将十三到十九分解和合成为 1 个十和一些一。

B

单位的故事   第 27 课 冲刺练习

答对数目：

姓名 _____ 日期 _____

*写出缺失的数字。

1.	10 + 1 = ☐		16.	10 + ☐ = 10	
2.	10 + 2 = ☐		17.	10 + ☐ = 11	
3.	10 + 3 = ☐		18.	2 + ☐ = 12	
4.	4 + 10 = ☐		19.	3 + ☐ = 13	
5.	5 + 10 = ☐		20.	☐ + 10 = 13	
6.	6 + 10 = ☐		21.	13 − ☐ = 3	
7.	10 + 8 = ☐		22.	14 − ☐ = 4	
8.	8 + 10 = ☐		23.	16 − ☐ = 6	
9.	10 − 10 = ☐		24.	☐ − 10 = 6	
10.	11 − 10 = ☐		25.	☐ − 10 = 8	
11.	12 − 10 = ☐		26.	2 + 1 + 10 = ☐	
12.	13 − 10 = ☐		27.	3 + 2 + 10 = ☐	
13.	15 − 10 = ☐		28.	2 + 3 + 10 = ☐	
14.	17 − 10 = ☐		29.	4 + ☐ + 4 = 18	
15.	19 − 10 = ☐		30.	☐ + 6 + 10 = 19	

第 27 课： 解决加法和减法问题，将十三到十九分解和合成为 1 个十和一些一。

单位的故事   第 28 课冲刺练习   1•2

A

答对数目:

姓名 _____   日期 _____

*写出缺失的数字。

1.	10 + 2 = ☐		16.	12 + 3 = ☐	
2.	2 + 1 = ☐		17.	13 + 3 = ☐	
3.	10 + 3 = ☐		18.	14 + 3 = ☐	
4.	4 + 10 = ☐		19.	13 + 5 = ☐	
5.	4 + 2 = ☐		20.	14 + 5 = ☐	
6.	6 + 10 = ☐		21.	15 + 5 = ☐	
7.	10 + 3 = ☐		22.	4 + 14 = ☐	
8.	3 + 3 = ☐		23.	4 + 15 = ☐	
9.	10 + 6 = ☐		24.	12 + ☐ = 14	
10.	2 + 1 = ☐		25.	12 + ☐ = 15	
11.	12 + 1 = ☐		26.	12 + ☐ = 16	
12.	2 + 2 = ☐		27.	☐ + 4 = 16	
13.	12 + 2 = ☐		28.	5 + ☐ = 16	
14.	3 + 3 = ☐		29.	5 + ☐ = 26	
15.	13 + 3 = ☐		30.	4 + ☐ = 36	

第 28 课: 以十为单位解决加法问题,并编写两步式的解决方案。

单位的故事　　　　　　　　　　　　　　　　第 28 课冲刺练习　1•2

B

答对数目:

姓名 _____ 日期 _____

*写出缺失的数字。

1.	10 + 1 = ☐		16.	12 + 2 = ☐	
2.	1 + 1 = ☐		17.	13 + 2 = ☐	
3.	10 + 2 = ☐		18.	14 + 2 = ☐	
4.	3 + 10 = ☐		19.	13 + 4 = ☐	
5.	3 + 2 = ☐		20.	14 + 4 = ☐	
6.	5 + 10 = ☐		21.	15 + 4 = ☐	
7.	10 + 2 = ☐		22.	5 + 14 = ☐	
8.	2 + 2 = ☐		23.	5 + 15 = ☐	
9.	10 + 4 = ☐		24.	11 + ☐ = 12	
10.	2 + 1 = ☐		25.	11 + ☐ = 13	
11.	12 + 1 = ☐		26.	11 + ☐ = 14	
12.	1 + 1 = ☐		27.	☐ + 3 = 14	
13.	11 + 1 = ☐		28.	6 + ☐ = 19	
14.	3 + 2 = ☐		29.	6 + ☐ = 29	
15.	13 + 2 = ☐		30.	5 + ☐ = 39	

第 28 课：　以十为单位解决加法问题，并编写两步式的解决方案。

1年级

模块3

单位的故事 第1课冲刺练习

A

姓名 _____ 日期 _____

答对数目：

*写出缺失的数字。

1.	3 - 3 = ☐		16.	13 - 1 = ☐	
2.	13 - 3 = ☐		17.	13 - 2 = ☐	
3.	3 - 2 = ☐		18.	14 - 3 = ☐	
4.	13 - 2 = ☐		19.	14 - 4 = ☐	
5.	4 - 2 = ☐		20.	14 - 10 = ☐	
6.	14 - 2 = ☐		21.	17 - 5 = ☐	
7.	4 - 3 = ☐		22.	17 - 6 = ☐	
8.	14 - 3 = ☐		23.	17 - 10 = ☐	
9.	14 - 10 = ☐		24.	8 - ☐ = 5	
10.	7 - 6 = ☐		25.	18 - ☐ = 15	
11.	17 - 6 = ☐		26.	18 - ☐ = 13	
12.	17 - 10 = ☐		27.	19 - ☐ = 12	
13.	6 - 3 = ☐		28.	☐ - 2 = 17	
14.	16 - 3 = ☐		29.	17 - 3 = 16 - ☐	
15.	16 - 10 = ☐		30.	19 - 6 = ☐ - 5	

第1课： 直接比较长度并考虑对齐端点的重要性。

单位的故事 第1课冲刺练习 1·3

B

答对数目:

姓名 _____ 日期 _____

*写出缺失的数字。

1.	2 - 2 = ☐		16.	14 - 1 = ☐	
2.	12 - 2 = ☐		17.	14 - 2 = ☐	
3.	2 - 1 = ☐		18.	15 - 3 = ☐	
4.	12 - 1 = ☐		19.	15 - 4 = ☐	
5.	3 - 3 = ☐		20.	15 - 10 = ☐	
6.	13 - 3 = ☐		21.	18 - 5 = ☐	
7.	3 - 2 = ☐		22.	18 - 6 = ☐	
8.	13 - 2 = ☐		23.	18 - 10 = ☐	
9.	13 - 10 = ☐		24.	7 - ☐ = 5	
10.	6 - 5 = ☐		25.	17 - ☐ = 15	
11.	16 - 5 = ☐		26.	17 - ☐ = 13	
12.	16 - 10 = ☐		27.	19 - ☐ = 13	
13.	4 - 2 = ☐		28.	☐ - 3 = 16	
14.	14 - 2 = ☐		29.	17 - 4 = 16 - ☐	
15.	14 - 10 = ☐		30.	19 - 7 = ☐ - 6	

第1课: 直接比较长度并考虑对齐端点的重要性。

单位的故事　　　　　　　　　　　　　　　　　　　　　第三课冲刺　1•3

A

答对数目：

姓名 _____　　日期 _____

*写出缺失的数字。注意 + 和 - 符号。

1.	5 + 2 = ☐		16.	13 + 6 = ☐	
2.	15 + 2 = ☐		17.	3 + 16 = ☐	
3.	2 + 5 = ☐		18.	19 - 2 = ☐	
4.	12 + 5 = ☐		19.	19 - 7 = ☐	
5.	7 - 2 = ☐		20.	4 + 15 = ☐	
6.	17 - 2 = ☐		21.	14 + 5 = ☐	
7.	7 - 5 = ☐		22.	18 - 6 = ☐	
8.	17 - 5 = ☐		23.	18 - 2 = ☐	
9.	4 + 3 = ☐		24.	13 + ☐ = 19	
10.	14 + 3 = ☐		25.	☐ - 6 = 13	
11.	3 + 4 = ☐		26.	14 + ☐ = 19	
12.	13 + 4 = ☐		27.	☐ - 4 = 15	
13.	7 - 4 = ☐		28.	☐ - 5 = 14	
14.	17 - 4 = ☐		29.	13 + 4 = 19 - ☐	
15.	17 - 3 = ☐		30.	18 - 6 = ☐ + 3	

第三课：　　　使用间接比较把三个长度排序。

B

单位的故事

第三课冲刺

答对数目：

姓名 _____ 日期 _____

*写出缺失的数字。注意 + 和 - 符号。

1.	5 + 1 = ☐		16.	12 + 7 = ☐	
2.	15 + 1 = ☐		17.	2 + 17 = ☐	
3.	1 + 5 = ☐		18.	18 - 2 = ☐	
4.	11 + 5 = ☐		19.	18 - 6 = ☐	
5.	6 - 1 = ☐		20.	3 + 16 = ☐	
6.	16 - 1 = ☐		21.	13 + 6 = ☐	
7.	6 - 5 = ☐		22.	17 - 4 = ☐	
8.	16 - 5 = ☐		23.	17 - 3 = ☐	
9.	4 + 5 = ☐		24.	12 + ☐ = 18	
10.	14 + 5 = ☐		25.	☐ - 6 = 12	
11.	5 + 4 = ☐		26.	13 + ☐ = 19	
12.	15 + 4 = ☐		27.	☐ - 3 = 16	
13.	9 - 4 = ☐		28.	☐ - 3 = 17	
14.	19 - 4 = ☐		29.	11 + 6 = 19 - ☐	
15.	19 - 5 = ☐		30.	19 - 5 = ☐ + 3	

第三课： 使用间接比较把三个长度排序。

单位的故事　　　　　　　　　　　　　　　　　　　　　　第 5 课冲刺练习

A

答对数目：

姓名 _____　　日期 _____

*写出缺失的数字。

1.	17 − 1 = ☐		16.	19 − 9 = ☐	
2.	15 − 1 = ☐		17.	18 − 9 = ☐	
3.	19 − 1 = ☐		18.	11 − 9 = ☐	
4.	15 − 2 = ☐		19.	16 − 5 = ☐	
5.	17 − 2 = ☐		20.	15 − 5 = ☐	
6.	18 − 2 = ☐		21.	14 − 5 = ☐	
7.	18 − 3 = ☐		22.	12 − 5 = ☐	
8.	18 − 5 = ☐		23.	12 − 6 = ☐	
9.	17 − 5 = ☐		24.	14 − ☐ = 11	
10.	19 − 5 = ☐		25.	14 − ☐ = 10	
11.	17 − 7 = ☐		26.	14 − ☐ = 9	
12.	18 − 7 = ☐		27.	15 − ☐ = 9	
13.	19 − 7 = ☐		28.	☐ − 7 = 9	
14.	19 − 2 = ☐		29.	19 − 5 = 16 − ☐	
15.	19 − 7 = ☐		30.	15 − 8 = ☐ − 9	

B

单位的故事 第5课冲刺练习 1·3

答对数目:

姓名 _____ 日期 _____

*写出缺失的数字。

1.	16 − 1 = ☐		16.	19 − 9 = ☐	
2.	14 − 1 = ☐		17.	18 − 9 = ☐	
3.	18 − 1 = ☐		18.	12 − 9 = ☐	
4.	19 − 2 = ☐		19.	19 − 8 = ☐	
5.	17 − 2 = ☐		20.	18 − 8 = ☐	
6.	15 − 2 = ☐		21.	17 − 8 = ☐	
7.	15 − 3 = ☐		22.	14 − 5 = ☐	
8.	17 − 5 = ☐		23.	13 − 5 = ☐	
9.	19 − 5 = ☐		24.	12 − ☐ = 7	
10.	16 − 5 = ☐		25.	16 − ☐ = 10	
11.	16 − 6 = ☐		26.	16 − ☐ = 9	
12.	19 − 6 = ☐		27.	17 − ☐ = 9	
13.	17 − 6 = ☐		28.	☐ − 7 = 9	
14.	17 − 1 = ☐		29.	19 − 4 = 17 − ☐	
15.	17 − 6 = ☐		30.	16 − 8 = ☐ − 9	

第5课: 使用厘米的标准单位命名厘米,用厘米立方块来重命名和测量。

A

姓名 _____   日期 _____

答对数目:

*写出缺失的数字。

1.	17 + 1 = ☐		16.	11 + 9 = ☐
2.	15 + 1 = ☐		17.	10 + 9 = ☐
3.	18 + 1 = ☐		18.	9 + 9 = ☐
4.	15 + 2 = ☐		19.	7 + 9 = ☐
5.	17 + 2 = ☐		20.	8 + 8 = ☐
6.	18 + 2 = ☐		21.	7 + 8 = ☐
7.	15 + 3 = ☐		22.	8 + 5 = ☐
8.	5 + 13 = ☐		23.	11 + 8 = ☐
9.	15 + 2 = ☐		24.	12 + ☐ = 17
10.	5 + 12 = ☐		25.	14 + ☐ = 17
11.	12 + 4 = ☐		26.	8 + ☐ = 17
12.	13 + 4 = ☐		27.	☐ + 7 = 16
13.	3 + 14 = ☐		28.	☐ + 7 = 15
14.	17 + 2 = ☐		29.	9 + 5 = 10 + ☐
15.	12 + 7 = ☐		30.	7 + 8 = ☐ + 9

B

单位的故事 第7课冲刺 1•3

答对数目:

姓名 _____ 日期 _____

*写出缺失的数字。

1.	14 + 1 = ☐		16.	11 + 9 = ☐	
2.	16 + 1 = ☐		17.	10 + 9 = ☐	
3.	17 + 1 = ☐		18.	8 + 9 = ☐	
4.	11 + 2 = ☐		19.	9 + 9 = ☐	
5.	15 + 2 = ☐		20.	9 + 8 = ☐	
6.	17 + 2 = ☐		21.	8 + 8 = ☐	
7.	15 + 4 = ☐		22.	8 + 5 = ☐	
8.	4 + 15 = ☐		23.	11 + 7 = ☐	
9.	15 + 3 = ☐		24.	12 + ☐ = 18	
10.	5 + 13 = ☐		25.	14 + ☐ = 18	
11.	13 + 4 = ☐		26.	8 + ☐ = 18	
12.	14 + 4 = ☐		27.	☐ + 5 = 14	
13.	4 + 14 = ☐		28.	☐ + 6 = 15	
14.	16 + 3 = ☐		29.	9 + 6 = 10 + ☐	
15.	13 + 6 = ☐		30.	6 + 7 = ☐ + 9	

第7课: 同时使用不同的非标准单位测量主题B中的相同物品,以了解需要使用一致的单元进行测量。

单位的故事 第9课冲刺练习 1·3

A

姓名 _____ 日期 _____

答对数目:

*写出缺失的数字。

1.	17 + 1 = ☐		16.	11 + 9 = ☐	
2.	15 + 1 = ☐		17.	10 + 9 = ☐	
3.	18 + 1 = ☐		18.	9 + 9 = ☐	
4.	15 + 2 = ☐		19.	7 + 9 = ☐	
5.	17 + 2 = ☐		20.	8 + 8 = ☐	
6.	18 + 2 = ☐		21.	7 + 8 = ☐	
7.	15 + 3 = ☐		22.	8 + 5 = ☐	
8.	5 + 13 = ☐		23.	11 + 8 = ☐	
9.	15 + 2 = ☐		24.	12 + ☐ = 17	
10.	5 + 12 = ☐		25.	14 + ☐ = 17	
11.	12 + 4 = ☐		26.	8 + ☐ = 17	
12.	13 + 4 = ☐		27.	☐ + 7 = 16	
13.	3 + 14 = ☐		28.	☐ + 7 = 15	
14.	17 + 2 = ☐		29.	9 + 5 = 10 + ☐	
15.	12 + 7 = ☐		30.	7 + 8 = ☐ + 9	

第9课: 回答关于两个不同物体长度(以厘米为单位)的比较问题。

B

第9课冲刺练习

姓名 _____ 日期 _____

答对数目：

*写出缺失的数字。

1.	14 + 1 = ☐		16.	11 + 9 = ☐	
2.	16 + 1 = ☐		17.	10 + 9 = ☐	
3.	17 + 1 = ☐		18.	8 + 9 = ☐	
4.	11 + 2 = ☐		19.	9 + 9 = ☐	
5.	15 + 2 = ☐		20.	9 + 8 = ☐	
6.	17 + 2 = ☐		21.	8 + 8 = ☐	
7.	15 + 4 = ☐		22.	8 + 5 = ☐	
8.	4 + 15 = ☐		23.	11 + 7 = ☐	
9.	15 + 3 = ☐		24.	12 + ☐ = 18	
10.	5 + 13 = ☐		25.	14 + ☐ = 18	
11.	13 + 4 = ☐		26.	8 + ☐ = 18	
12.	14 + 4 = ☐		27.	☐ + 5 = 14	
13.	4 + 14 = ☐		28.	☐ + 6 = 15	
14.	16 + 3 = ☐		29.	9 + 6 = 10 + ☐	
15.	13 + 6 = ☐		30.	6 + 7 = ☐ + 9	

第9课: 回答关于两个不同物体长度（以厘米为单位）的比较问题。

A

单位的故事 　　　第11课冲刺

答对数目：

姓名 _____ 　　日期 _____

*写出缺失的数字。

1.	17 - 1 = ☐		16.	19 - 9 = ☐	
2.	15 - 1 = ☐		17.	18 - 9 = ☐	
3.	19 - 1 = ☐		18.	11 - 9 = ☐	
4.	15 - 2 = ☐		19.	16 - 5 = ☐	
5.	17 - 2 = ☐		20.	15 - 5 = ☐	
6.	18 - 2 = ☐		21.	14 - 5 = ☐	
7.	18 - 3 = ☐		22.	12 - 5 = ☐	
8.	18 - 5 = ☐		23.	12 - 6 = ☐	
9.	17 - 5 = ☐		24.	14 - ☐ = 11	
10.	19 - 5 = ☐		25.	14 - ☐ = 10	
11.	17 - 7 = ☐		26.	14 - ☐ = 9	
12.	18 - 7 = ☐		27.	15 - ☐ = 9	
13.	19 - 7 = ☐		28.	☐ - 7 = 9	
14.	19 - 2 = ☐		29.	19 - 5 = 16 - ☐	
15.	19 - 7 = ☐		30.	15 - 8 = ☐ - 9	

第11课： 收集、分类和组织数据；然后提出并回答有关数据点数量的问题。

单位的故事 第11课冲刺 1•3

B

答对数目:

姓名 _____ 日期 _____

*写出缺失的数字。

1.	16 - 1 = ☐		16.	19 - 9 = ☐	
2.	14 - 1 = ☐		17.	18 - 9 = ☐	
3.	18 - 1 = ☐		18.	12 - 9 = ☐	
4.	19 - 2 = ☐		19.	19 - 8 = ☐	
5.	17 - 2 = ☐		20.	18 - 8 = ☐	
6.	15 - 2 = ☐		21.	17 - 8 = ☐	
7.	15 - 3 = ☐		22.	14 - 5 = ☐	
8.	17 - 5 = ☐		23.	13 - 5 = ☐	
9.	19 - 5 = ☐		24.	12 - ☐ = 7	
10.	16 - 5 = ☐		25.	16 - ☐ = 10	
11.	16 - 6 = ☐		26.	16 - ☐ = 9	
12.	19 - 6 = ☐		27.	17 - ☐ = 9	
13.	17 - 6 = ☐		28.	☐ - 7 = 9	
14.	17 - 1 = ☐		29.	19 - 4 = 17 - ☐	
15.	17 - 6 = ☐		30.	16 - 8 = ☐ - 9	

第11课: 收集、分类和组织数据;然后提出并回答有关数据点数量的问题。

A

单位的故事　　　　　　　第13课冲刺　1•3

答对数目：

姓名 _____　　日期 _____

*写出缺失的数字。

1.	9 + 1 + 3 = ☐		16.	6 + 3 + 8 = ☐	
2.	9 + 2 + 1 = ☐		17.	5 + 9 + 4 = ☐	
3.	5 + 5 + 3 = ☐		18.	3 + 12 + 4 = ☐	
4.	5 + 2 + 5 = ☐		19.	3 + 11 + 5 = ☐	
5.	4 + 5 + 5 = ☐		20.	5 + 6 + 7 = ☐	
6.	8 + 2 + 4 = ☐		21.	2 + 6 + 3 = ☐	
7.	8 + 3 + 2 = ☐		22.	3 + 2 + 13 = ☐	
8.	12 + 2 + 2 = ☐		23.	3 + 13 + 3 = ☐	
9.	3 + 3 + 12 = ☐		24.	9 + 1 + ☐ = 14	
10.	4 + 4 + 5 = ☐		25.	8 + 4 + ☐ = 16	
11.	2 + 15 + 2 = ☐		26.	☐ + 8 + 6 = 19	
12.	7 + 3 + 3 = ☐		27.	2 + ☐ + 7 = 18	
13.	1 + 17 + 1 = ☐		28.	2 + 2 + ☐ = 18	
14.	14 + 2 + 2 = ☐		29.	19 = 6 + ☐ + 9	
15.	4 + 12 + 4 = ☐		30.	18 = 7 + ☐ + 6	

第13课：　提出和回答有关三个类别数据集的各种类型的应用题。

B

姓名 _____   日期 _____

答对数目：

*写出缺失的数字。

1.	9 + 1 + 2 = ☐		16.	6 + 3 + 9 = ☐	
2.	9 + 4 + 1 = ☐		17.	4 + 9 + 2 = ☐	
3.	5 + 5 + 1 = ☐		18.	2 + 12 + 4 = ☐	
4.	5 + 3 + 5 = ☐		19.	2 + 11 + 5 = ☐	
5.	4 + 5 + 5 = ☐		20.	6 + 6 + 7 = ☐	
6.	8 + 2 + 2 = ☐		21.	2 + 6 + 5 = ☐	
7.	8 + 3 + 2 = ☐		22.	3 + 3 + 13 = ☐	
8.	11 + 1 + 1 = ☐		23.	3 + 14 + 3 = ☐	
9.	2 + 2 + 14 = ☐		24.	9 + 1 + ☐ = 13	
10.	4 + 4 + 4 = ☐		25.	8 + 4 + ☐ = 15	
11.	2 + 13 + 2 = ☐		26.	☐ + 8 + 6 = 18	
12.	6 + 3 + 3 = ☐		27.	2 + ☐ + 6 = 18	
13.	1 + 15 + 1 = ☐		28.	2 + 5 + ☐ = 18	
14.	15 + 2 + 2 = ☐		29.	19 = 5 + ☐ + 9	
15.	3 + 14 + 3 = ☐		30.	19 = 7 + ☐ + 6	

鸣谢

Great Minds®竭尽全力获得转载所有版权教材的许可。如对任何版权材料的拥有人未在此致谢，请联系 Great Minds，以在未来的版本以及本模块的转载中获得正确的致谢。

模块 1–3： 铭谢

Printed by Libri Plureos GmbH in Hamburg, Germany